幸福手册

EVEN HAPPIER

A GRATITUDE JOURNAL FOR DAILY JOY
AND LASTING FULFILLMENT

[美]
泰勒·本-沙哈尔
(Tal Ben-Shahar)
著

倪子君
译

中信出版集团 | 北京

图书在版编目（CIP）数据

幸福手册 /（美）泰勒 · 本 - 沙哈尔著；倪子君译
. -- 北京：中信出版社，2022.6
书名原文：Even Happier
ISBN 978-7-5217-4276-3

Ⅰ．①幸… Ⅱ．①泰… ②倪… Ⅲ．①幸福－通俗读
物 Ⅳ．① B82-49

中国版本图书馆 CIP 数据核字（2022）第 072146 号

幸福手册
著者：［美］泰勒 · 本－沙哈尔
译者：倪子君
出版发行：中信出版集团股份有限公司
（北京市朝阳区惠新东街甲 4 号富盛大厦 2 座　邮编　100029）
承印者：北京盛通印刷股份有限公司

开本：880mm×1230mm　1/32　　印张：7.5　　字数：122 千字
版次：2022 年 6 月第 1 版　　印次：2022 年 6 月第 1 次印刷
京权图字：01–2020–5790　　书号：ISBN 978–7–5217–4276–3
定价：58.00 元

服务热线：400–600–8099
投稿邮箱：author@citicpub.com

献给戴维、雪莉和埃利亚夫，

你们使我的生命一天比一天幸福。

目　录

序　言

我的许多读者，包括我的学生们，经常会要求我将在课程与书中提到的各种练习完整地呈现出来。很高兴我对此要求有了回应，也就是你现在阅读的这本书。

当我还是一名心理专业的学生时，我发现那些对我的生命最有影响力的课程都在鼓励（或要求）我将所学的理论应用在生活中。课程本身就令我获益匪浅，而当我把所学的知识应用到生活中时，我便能进一步吸收这些知识，对它们的记忆也会更加牢固。“心动”（reflection）加上“行动”（action），被我称为“心行动”（reflaction）。只有“心行动”才能让理论焕发真正的生命力。我喜欢将“心行动”应用在我的课程以及工作坊里。无论你在哪个学术领域，无论你是老师还是学生，如果你要求的是“真正地学习”，那么我建议你也加入“心行动”的行列。

这本书是一本实践手册，也是一套奋斗计划。它可以带领并陪伴你们，将我在《幸福的方法》与《幸福超越完美》两本书中所讨论的积极心理学方法应用在日常生活中。书中的练习可以两人一起做，双方不但能互相督促，还可以分享想法和感受。另外，在书友会、研讨会或是工作坊里，你们也可以以小组的形式完成书中的练习，并且定期讨论阅读进度、各自的见解和所取得的进步。

我在这本书中设计了一些空白供大家做记录。但我建议最好还是另外准备一个笔记本或电子文档。因为我不希望这本书里的“笔记空间”局限任何人的想法和感受。我认为，读者不但能通过做书中的练习（直接回答我提出的问题）取得进步，还能从自己的思考和联想（写下自己的所思所想）中获益良多。

哈佛大学的教授戴维·帕金斯认为，在做这本书里的练习时，读者能获得“有生命力的知识”，也就是“能在人们的生活中发挥更丰富的作用，并帮助人们更好地理解世界、与世界相处的知识，而不是呆板的知识”。凡是将这本书中的练习学以致用的学生或读者，都会在个人经历、成长、记忆力，以及理解力上有所突破，而这也正是我希望大家能通过阅读这本书而获得的。

开始享受吧！

1 | 感恩

心理学家罗伯特·埃蒙斯与迈克尔·麦卡洛曾经在一系列的研究中，要求参与者每天至少记录五件值得他们感恩的事情（可大可小）。那些参与者记录的感恩对象包括父母、滚石乐队、上帝等。结果显示，每天花一两分钟去思考生命中值得感恩的事情，会带来许多意想不到的收获。与没有做此练习的对照组相比，感恩组的人不但变得更珍惜生命中的点点滴滴，而且他们的幸福感与积极情绪也增加了——这些人感到更开心、更有决心、更有精力，也更乐观。同时，他们也变得更大方，并且更愿意帮助他人。另外，这些人的睡眠质量变好了，运动的次数增加了，生病的频率也降低了。

我从 1999 年 9 月 19 日开始做感恩练习（差不多要比埃蒙斯

与麦卡洛公开他们的研究结果的时间还早三年），我是从奥普拉的节目中了解到这个练习的。在儿子戴维三岁之后，我还经常和他一起做这个练习。我们每晚都会互相问“今天有什么好玩的啊”之类的问题。同时，我和妻子也会经常以此来提醒彼此，牢记两人的关系中值得感恩的事情。

当感恩成为日常生活的一部分时，我们就不再需要做特别的事来帮助我们获得幸福感了。当我们开始做感恩练习时，我们会更加注意日常生活中那些美好的点点滴滴。在感恩练习中出现的可以是你关心的人的名字，可以是你或他人所做的一些事情，也可以是你从练习中感悟到的事情。

什么是值得你感恩的事情？在你的生命中，你要感激的是什么？

练习

天天感恩

在感恩周的每一天都写下至少 5 件值得你感恩的事情。做这个练习时一定要保持一颗感恩的心，千万别让练习变成例行公事。保持感恩的心的方法之一，就是想象当时的情景，或者重新体验当时的感受。比如，当你在写和父母有关的事的时候，你可以想象他们的样子；当你在写“与伴侣的对话”时，你可以尝试再次体验当时的感受。

即使在感恩周过去之后，我仍然建议你每周至少做一次感恩练习，因为这个练习带来的好处实在是太多了。你可以在下面的感恩清单上写出你感恩的事情。

每日感恩清单

第一天：▸	今天我要感谢的是__________________
第二天：▸	今天我要感谢的是__________________
第三天：▸	今天我要感谢的是__________________
第四天：▸	今天我要感谢的是__________________
第五天：▸	今天我要感谢的是__________________
第六天：▸	今天我要感谢的是__________________
第七天：▸	今天我要感谢的是__________________

你所关注的事情会被你放大，所以，当你开始关注生命中美好的事情时，美好的事会加倍发生。当我学会感谢生活中发生的一切时，我发现，在机会、亲密关系甚至金钱方面，事情都开始向着更好的方向发展了。

——奥普拉·温弗瑞

2 | 习惯

现在已经有许多关于“改变”的研究了。改变意味着学习新的方式，引入新的行为，替代旧的习惯，这些都非常困难。大多数关于改变的尝试，无论是个人的尝试还是组织的尝试，经常以失败告终。在《精力管理》一书中，吉姆·洛尔和托尼·施瓦茨提供了一种关于改变的新视角，他们建议，与其将注意力集中在“自律”上，不如通过培养习惯来帮助自己做出改变。

要养成一种习惯通常非常困难，但保持一种习惯却相对容易。顶级运动员有自己的习惯，他们非常清楚每一天在不同的时间点要做什么：先完成场地训练，然后去健身房，接着做拉伸运动。对我们绝大多数人来说，每天刷两次牙已经成为一种习惯，无需特别的自律的力量。在我们想做出某种改变时，我们需要使用同样的策略。

依据洛尔和施瓦茨的建议，“要培养一种习惯，我们需要确定好精确的动作，并在根深蒂固的价值观的驱动下，在非常明确的时间点完成这些动作”。对于运动员来说，成为顶级高手是他们内心根深蒂固的价值观，因此他们养成了一些和训练有关的习惯；对于大多数人而言，保持清洁很重要，因此人们养成了刷牙的习惯。

如果我们认为个人的幸福很重要，想要过上更幸福的生活，那么我们同样需要围绕此目标培养习惯。

哪些是你曾尝试过但最终没有成功的改变？哪些新的行为或解决方案是你曾经想尝试但最终放弃了的？

....

....

每周感恩清单

本周，我要感谢的是：..............................

练习

培养习惯

列出两个你认为会让你更快乐的习惯，可以是每天晚上冥想 15 分钟，周二和伴侣约会一次，每天早晨醒来先做 4 次深呼吸，每隔一天愉悦地阅读一个小时，每周日下午花两个小时在你的爱好上，等等。

一旦确定了你想要培养的习惯，请把它们加入你的计划表，并开始执行你的培养计划。在培养习惯的初始阶段，坚持完成这些事确实很困难。随着时间的推移，通常在短短 30 天内，完成这些事将变得像你每天刷牙一样容易和自然。

在这本书中，我会鼓励你多培养几个习惯。每次培养的习惯不宜超过两个，请在确保它或它们已经变成了你的习惯之后，再开始培养新习惯。正如托尼·施瓦茨所说：“微小的进步，好过野心勃勃却遭遇失败……不要着急，成功自然会像雪球一样越滚越大。”

我们的习惯造就了我们。卓越不是一次行为，而是一种习惯。

——亚里士多德

3 | 运动

越来越多的心身医学的研究发现了运动对于心理健康的好处。举个例子，杜克大学医学院的迈克尔·巴比亚克和他的同事们发现，对于重度抑郁症患者来说，每周运动3次、每次30分钟的疗效和吃抗抑郁药是一样的。此外，对于那些不做运动仅服用药物的患者来说，在治疗结束后他们症状复发的概率是采用运动疗法的患者的4倍。

那么，这是否意味着运动和吃抗抑郁药有相同的功效呢？并非如此。更准确地说，不运动就等同于服用镇静剂。作为人类，我们本身就有运动的需求，当这个需求无法被满足时，我们就会付出代价。人类并非生来就不活跃，也不是生来就要整天坐在电脑前或开会开个不停。我们原本不是在为了猎捕食物而奔波，就是在为不成为猛兽的食物而逃亡。当我们长时间不运动时，我们就无法顺应自己的天性。当基本需求（例如维生素、蛋白质，或者运动）不被满足时，我们就要付出代价。哈佛医学院精神病学的教授约翰·瑞迪说："从某个角度来说，运动可以说是精神科医生的理想疗法。运动不但能帮助人们缓解焦虑症状以及由抑郁症引起的种种压力，还能释放神经递质，比如去甲肾上腺素、血清素、多巴胺等，产生与大部分精神类药物相似的作用。运动一下，有时候就如同吃了百忧解和利他林，并且剂量刚刚好。

运动的好处远不止这些，还包括提升自信心、加强心理功能、延年益寿、提高睡眠质量、使性生活更和谐，以及强化免疫系统。所以，无论是想要治疗抑郁症，还是只想变得更快乐一点儿，我们都应该更多地服用这种"纯天然"的特效药。

但运动并不包治百病，有时药物还是必需的。每个抑郁症患者或焦虑症患者的情况都是不同的，还得对症下药才行。

你在运动后感觉如何？你最喜欢的运动方式是什么？

每周感恩清单

本周，我要感谢的是：

练习

动起来吧！

从今天开始，养成运动的好习惯吧。这个月你可以从每周 3 次、每次散步 10 分钟开始。之后，每个月循序渐进地增加你的运动时长，直到大约每周都能运动 4 次、每次运动接近 45 分钟。在下面写下你未来 6 个月的运动计划。我觉得和朋友或家人一起做这个练习会更好，因为在相互监督和鼓励中，你坚持下去的可能性会更大。

运动本身就有锻炼意志与强化心灵的功效。

——西塞罗

4 | 工作的悖论

米哈里·契克森米哈赖与朱迪丝·勒菲弗在《工作与休闲中的最佳体验》一文中提到，与工作相比，人们总是更喜欢休闲。这个结果一点儿都不令人吃惊，但他们还有另外的发现，那就是人们在工作中能获得更多的心流体验。当我们完全沉浸在自己所做的事情当中，能发挥出自己的最佳水平，并且自己也乐在其中时，我们就进入了心流状态。

我们总是说更喜欢休闲，却又总是在工作中获得更多的心流体验，这似乎是一种悖论。这很奇怪，同时也很有启发性，说明我们对于工作的偏见，喜欢将努力与痛苦、休闲与快乐联系在一起的态度，已经深植于我们的观念中，以至我们对真实经历的看法也出现了偏差。当我们总是自动地、频繁地将工作中的种种积极体验负面化的时候，我们获得幸福感的可能性也会受到严重影响，因为获得幸福感的前提是，我们不仅要有积极体验，还得把它们“看成”积极体验。

你能将学校或工作中的经历看成积极体验吗？你在这些经历中享受的是什么？你能享受体验的过程吗？在你所认识的人中，有人在工作中获得极大幸福感吗？

……………………………………………………

……………………………………………………

每周感恩清单

本周，我要感谢的是：……………………………………

……………………………………………………

……………………………………………………

练习

学习计划

那些最快乐和最成功的人都是活到老学到老的人。他们总是在提问，并且从未停止探索新奇的事物。无论你现在处于生命的哪个阶段，无论你是 15 岁，还是 115 岁，无论你是学生，还是已经在一家公司工作了 25 年的元老，现在都是时候为自己重新拟定一份学习计划了。

在你的计划中应该有这两项：个人成长与专业发展。在每个事项下，记得要做能让你在现在和未来都获益的事。同时，尽可能每天都做这个练习。

比如，在个人成长方面，我建议大家每天都去看一遍纳撒尼尔·布兰登的《自尊的六大支柱》；在专业发展方面，我建议你与一个你信任的良师益友共进午餐，或者去参加一场关于你所在领域的最新发展成果的研讨会。好好思考个人成长与专业发展之间的关系。关于这两个方面，有没有让你感到乐在其中的事？有没有与这两方面都相关的，且让你感到趣味十足的事？如果有的话，就把它们列出来。

一个适合你的职业的最佳标志是，能为你带来深层愉悦。这种观点在那些有时把工作等同于受苦的文化中是革命性的——虽然是革命性的，但事实的确如此。

——帕克·帕尔默，《教学勇气》

5 | 意义

玛瓦·柯林斯在20世纪70年代曾经是芝加哥老城区的一名教师，那是一个充满犯罪、毒品、绝望和悲观情绪的地方。1975年，柯林斯为社区的孩子们建立了一所预备学校。这些被其他学校开除、被认为不听教诲的学生，在她的学校里读四年级时就已经在阅读莎士比亚和爱默生的著作了。在学校成立的头20年中，柯林斯经常为经费的事挣扎，好几次面临学校倒闭的危机。但她的愿景从未因为种种困难而改变，因为她清楚地知道这一切都是为了真正的幸福。在谈到她的一名学生时，柯林斯说："当我看见他眼中那可以照亮这个世界的光芒时，那些为了经费而失眠的夜晚就都值得！"

柯林斯其实有大放异彩的机会。1980年，白宫曾经邀请她担任教育部部长，可她断然拒绝了。因为她不但爱教学，也坚信她能在教室里做出最大的成绩。教学赋予她的生命的意义是任何其他职业无法赋予的；教学也带给了她钱财无法买来的情感上的满足。她感觉自己是全世界最富有的女人，并且无论付出什么代价，她都不愿意舍弃教学的机会，因为她深深知道最有价值的是幸福，而不是所谓的金钱和名誉。

你的无价之宝是什么？如果你目前还没有找到它，你不妨想象一下什么事情会对你有如此重要的意义。

……

……

每周感恩清单

本周，我要感谢的是：________________

……

……

练习

人生意义地图

在未来的一两周里，每天都记录你所有的活动。在每天晚上，写下你是如何分配时间的，比如用 15 分钟查收电子邮件，看 2 个小时的电视，等等。这些数据不需要很精准，因为它们只是为了让你更清楚你大概是如何分配时间的而已。

然后，在每周结束的时候，将这些活动列在一个表上，在每个活动旁边写下你在它上面所花费的时间，以及它为你带来的快乐和意义。在时间的旁边注明你期望未来所做的调整。如果你希望在此事上花更多的时间，就写上“+”；如果希望减少时间，就写上“–”；而如果想要减少很多时间，就写上“––”；最后，如果你觉得时间刚好，或者暂时无法做出任何调整，就写上“=”吧。

那么，有没有什么事是你暂时并没有在做，但可以带来许多幸福感的？比如每周去看一次电影，每周在慈善事业上花 4 个小时，或者每周运动 3 次。这些是不是对提升你的幸福感有帮助？

如果你受到很多限制，无法做出大的改变，那么你可以充分利用你所能掌控的时间和资源。生活中有哪些既能增强幸福感，又可以让你在当下和未来都获益的小活动呢？如果每天来回上下班的过程真的非常无聊又无法避免，就给它增加一点儿意义和乐趣吧。比如，听听音乐或者有声书。你也可以利用坐火车的时间来读书。尽可能地让这些改变成为你的习惯。

有意义的事即使价值再小，也比无意义的事有价值。

——卡尔·荣格

6 | 仁爱

18 世纪非常有影响力的德国哲学家伊曼努尔·康德告诉我们：要想使自己的行为有道德价值，必须以责任感为出发点。因此，在只顾私利的情况下，我们的行为其实是没有道德价值的。

和康德的理论相同，大部分哲学与宗教都认为，道德的根基就是自我牺牲。他们都相信出于自我利益的行为或多或少会影响他人的利益，我们如果不抵抗自己的自私倾向，就会伤害他人，忽视他人的需要。

这种观念未能表明，实际上，我们并不需要在帮助他人和帮助自我当中做出选择。这两件事情完全不冲突，而且恰好紧密地联系在一起：我们越去帮助他人，我们自己就越快乐，而当我们越来越快乐时，我们自然更愿意帮助他人。

回想一下你帮助某个人的时刻，试着再体会一下当时的感觉。思考一下“给予”和“接受”的关联性，它们其实就是一枚硬币的两面。你是不是一个愿意给予的人？你是不是一个愿意接受别人帮助的人？

…………………………………………

…………………………………………

每周感恩清单

本周，我要感谢的是：…………………………

…………………………………………

…………………………………………

练习

有关善行的冥想

找一个安静的地方，然后找一把椅子或在地板上坐下来。记住，要确认你的姿势是舒服的，你的背部和颈部是直的。在这个练习里，睁开眼睛或闭着眼睛都可以。

然后，安静地用嘴巴或鼻子深呼吸，每次深呼吸时都记得吸到底，然后慢慢地通过嘴巴或鼻子将气呼出来。

现在回想你善待某个人并因此被感激的时刻。在你的心中，回想他的反应，回味其中的美好。体验自身的所有感觉，让它们在你身体里自然流动。在你回想那个人并体会自我的感觉时，将横在帮助自己与帮助他人之间的那道屏障拆掉。

接下来，想象未来与某个人互动的情景。比如，和朋友分享自己的想法、给所爱的人送花、给孩子讲故事、做有意义的捐赠等等。去体验给予的过程中那种深刻的幸福感。经常做关于“给予”这一主题的冥想，不仅能使我们的身心更健康，还能真正帮助我们变得更愿意给予。

现在，除了你已经在做的善行，写下你在未来愿意尝试的善行。

生命中最美丽的补偿之一，就是任何一个人如果真心帮助他人，就一定会同时帮助到自己。

——拉尔夫·沃尔多·爱默生

7 | 从痛苦中学习

美国人经常会被批评为一群对幸福过度痴迷的人。在美国，有许多提供速成的幸福方法和与完美生活有关的自助书籍，销量十分惊人。而且越来越多的美国人喜欢在情绪稍有低落时就赶快服用精神类药物。这些批评虽然有一定的道理，但是所针对的事实是有偏差的：美国人痴迷的是快乐，而不是幸福。

这个充满了速效方法的美丽新世界忽视了我们对于生存意义的需求。真正的幸福包含情绪上的不适以及应对困难的经历，而这些正是那些自助书籍和精神类药物一直在帮我们避开的。要获得幸福，我们必须先克服障碍。用维克多·弗兰克尔的话来说，就是“生而为人，我们需要做的不是追求毫无压力的生活，而是为了值得追求的目标，努力奋斗；我们需要做的不是不计代价地释放压力，而是找寻自己生命的真正意义”。

我们要记得，经历人生中的种种困难本身就能帮助我们变得更快乐：它能够提醒我们，不要把快乐视为理所当然，要为生命中大大小小的喜悦而感恩。这样的感恩心态本身就是真正的意义与快乐的来源。

回想一段你经历的痛苦往事。你从中学到了什么？你因此有所成长吗？

……………………………………………………………………

……………………………………………………………………

每周感恩清单

本周，我要感谢的是：……………………………………

……………………………………………………………………

……………………………………………………………………

练习

记录困难的日记

得克萨斯大学的詹姆斯·潘尼贝克证明了通过书写来应对困难的好处。潘尼贝克在一次研究中，曾经请参与者连续4天、每天花15~20分钟写下他们生命中的种种烦恼与创伤。这项研究是绝对保密的，因此参与者愿意尽量配合。结果显示，在短短的4天之后，通过总时长约1小时的实验，参与者整体的焦虑感都降低了，而且幸福感与身体健康水平都有所提升。

你也可以做这个练习。找一些白纸，然后依照潘尼贝克的指示，连续四天、每天花15~20分钟的时间来写作。具体要求如下。

写下你生命中最让你烦恼并且伤害你最深的事情。不要担心语法、拼写或句子结构。在你的日记中，我希望你能写下你对于这些经历最深刻的想法与感受。你想写什么都可以。但无论你写的是什么，它都必须是真正对你有深刻影响的事情，最好是一些你从未与别人谈过的事情。更重要的是，在这个练习中，你必须释放自己，释放内心最深处的情绪和想法。简而言之，写下所发生的事情，以及你当时与现在的感受。你可以连续 4 天写不同的事，也可以写同一件事，选择权在你。

我们只有充分体验了痛苦，才有可能摆脱痛苦。

——马塞尔·普鲁斯特

8 | 简化生活

因为时间不够用而感到压力大，这不但是一种普遍现象，而且是抑郁症患病概率逐渐升高的罪魁之一。在过去的 6 年里，我在研究生学院当辅导员，我的工作之一就是帮助学生们完成他们的简历。让我惊奇的是，每届学生的成就基本都比往届的学生更突出（至少透过简历介绍来看是这样的）。他们不俗的成就起初确实让我大为惊叹，不过，当我发现他们为简历上密密麻麻的内容以及越来越了不起的身份而付出的心理代价时，这些成就似乎就变得得不偿失了。事实上，一个针对全美大学生的调查显示，95% 的学生都感到“被需要做的事情压得喘不过气来”。

我们真的太忙了，而且还持续地将更多的事情压缩进每天仅有的 24 小时里。正因为如此，我们才无法从生活的点点滴滴中品味与享受幸福。工作、课程、好听的音乐、美丽的风景、好朋友，甚至我们的孩子，都可以成为我们幸福的来源。

那我们如何才能在这个快节奏的、竞争激烈的世界中真正享受生活呢？答案里有好消息也有坏消息。坏消息是，要解决这个问题，没有任何捷径，我们只能简化生活，将步伐变慢；而好消息则是，要简化生活，我们并不需要以放弃成功为代价。

在哪些方面，你因为时间不够用而牺牲了自己的幸福？

……………………………………………………

……………………………………………………

每周感恩清单

本周，我要感谢的是：……………………………………

……………………………………………………

……………………………………………………

练习

时间管理

写下你在过去一两周的活动内容，然后根据你所写的内容回答以下问题：哪些是我可以简化的？哪些是我可以放弃的？我是否花太多时间在网络、手机或电视上？我是否可以减少工作里的会议次数或缩短会议时间？我是否对一些可以说“不”的事情说了“是”？

今天就开始简化你的生活吧！同时，我建议你找点儿时间，全身心地投入一些你觉得既有意义又能带来快乐的事情，比如与家人相处、干园艺活、完成某个工作项目、冥想，或者看个电影。

简单、简单、再简单！我说呢，把你的事情简化到两三件，而不是一百件或者一千件；用不着算到一百万，数到六七个就够了。

——亨利·戴维·梭罗

9 | 享受过程

那些期望自己时时刻刻被幸福包围的人，注定要失望了。我们要知道，并不是每一件我们所做的事情都能够为我们赢得当下与未来的利益。有时，为了未来的目标，我们必须牺牲一些眼前的利益，而单调平凡的工作在生命中有时就是无法避免的。为了考试而学习，为了未来的目标攒钱，做一个每周工作 80 小时的实习生，这些肯定不是很快乐的事情，但这些事可以为我们带来日后的收获。要记得，就算有些时候为了未来不得不牺牲一些当下利益，我们仍然可以尽可能地投入那些能为当下和未来都带来益处的活动。

偶尔当一个享乐主义者其实也有很多好处。只要是在不影响未来的前提下（比如不要吸毒），乐享当下可以帮助我们恢复活力。在有节制的情况下，放松、放空、躺在沙滩上、吃完比萨后来一个巧克力圣代、看看电视，其实都可以帮助我们变得更快乐。

回想你曾经做过的既有益于当下，也有益于未来的事，回想你做这件事的经历。

……………………………………………………

……………………………………………………

每周感恩清单

本周，我要感谢的是：……………………………………

……………………………………………………

……………………………………………………

练习

四种人生模式

请连续 4 天，每天用至少 15 分钟的时间，写下在你生命中的某段经历或某个阶段中，你处于以下 4 种人生模式的哪一个中。如果你想写更多关于某一个模式的内容，尽管写下来，但记住，不要在同一天写下超过一种模式的事情。不用担心语法或用词的问题，写下来就好！重点是写下你在当时或现在的所有感受、你的行为模式（描述一下你都做了些什么），以及你在当时或现在的想法。以下是 4 种人生模式的说明。

忙碌奔波型。写下你不断地为实现未来的目标而努力的那段日子，也就是整天忙碌奔波而无法享受任何事情的那段时间。你当时为什么会那样？那样的生活有任何好处吗？而你付出的代价又是什么？

享乐主义型。你当过享乐主义者吗？你是否有过那种只在乎眼前的快乐而无视任何后果的生活经历？那样的生活有什么好处？你付出的代价又是什么？

虚无主义型。记录你曾经觉得很困难，甚至感到空虚、无助，并且想放弃的时刻。描述你最深刻的感受和想法，这些感受和想法可以是当时产生的，也可以是现在产生的。

感悟幸福型。描述一下某个你感到非常幸福的时刻或阶段。想象你又回到了那个时候，试着重新体验当时的情绪，并且把它们记录下来。

无论在山谷还是山巅，我们生来就是为了奋力攀登，而不是放纵享乐。

——约翰·加德纳

10 | 亲密关系：了解与被了解

当下，离婚率居高不下。离婚有时仅仅是由对爱情本质的误解引发的。许多人会把性欲误认为是爱，他们忽略了一点：虽然异性之间的吸引力在爱情中是不可或缺的因素，但它远远不足以代表爱的全部。无论某个人多么有吸引力，无论两人有多吸引对方，那种开始时的兴奋以及外形上的吸引力其实都是会消逝的。新鲜的事物在起初时会刺激我们的感官，但随着时间的推移，新鲜感会慢慢消退。

熟悉彼此其实也有很大的好处。虽然熟悉之后，身体上的兴奋度会降低一些，但是，当我们真正了解熟悉我们的伴侣时，我们会体会到更高层次的亲密感。因此，我们的爱情会越来越成熟，性生活也会越来越好。

在《激情婚姻》(*Passionate Marriage*)一书中，性问题治疗师戴维·施纳屈挑战了他所在的领域中对“性”的传统理解，他觉得将性爱和激情等同于身体和生理上的冲动是不正确的。如果真是这样，那么维持一个长期的、充满激情的亲密关系几乎是不可能的。然而，通过数十年来和情侣们的交流，施纳屈发现，在双方都想要了解彼此与被了解时，他们的性生活就会变得越来越好。

在培养真正的亲密关系这个主题上，施纳屈指出，人们只有把在亲密关系中的关注点从“被认可”转变为“被了解”，才能获得真正的亲密感。在维持长期的爱情和热情的过程中，将自己最真实的一面展现给对方是一件必须要做的事。我们必须对伴侣坦诚，并且愿意分享自己最深刻的渴望和恐惧，以及自己的性幻想和梦想。无论是在餐厅谈话，还是在卧室做爱，只有把关注点放在了解彼此上，二人世界才会变得更有意义和更快乐。

思考一下，你要怎样才能真正地被你的伴侣了解？再思考一下，你要怎样才能真正地了解你的伴侣？

每周感恩清单

本周，我要感谢的是：..

....

....

练习

积极的亲密关系

亲密关系专家约翰·戈特曼在听了情侣们分享他们的生活之后，就能预测他们亲密关系的成功率。他指出，如果情侣们关注的是他们在一起的快乐时光，或者能够充满感情地回忆过去，那么他们的亲密关系一般都会非常成功。因此，当我们的关注点是有意义的、快乐的事情（无论是过去的还是现在的）时，我们就是在加强彼此之间的连接，让我们的关系更加亲密。

写下一段在你生命中关于亲密关系的积极经历，强调你从中所获得的意义和快乐。内容可以是你们是怎么认识的，或者是你们昨天刚刚做的事情。积极的关注点能够带来积极的结果。你在今天、明天、下周，或者以后的 10~20 年里能够做些什么来帮助你们的亲密关系变得更好？

所有想要幸福的人都必须学会分享，幸福天然具有两面性。

——拜伦

11 | 接受失败并从失败中学习

理查德·贝德纳尔和斯科特·彼得森在有关自信的研究中发现，虽然有失败的风险，但应对困难的经历可以提升我们的自信。如果我们因为害怕失败而逃避困难和挑战，那么我们传达给自己的信息是，我们是无法面对困难的。换句话说，就是我无法接受失败。如此一来，我们的自信心受到的伤害是极大的。但当我们挑战自我时，我们给自己的信息是，我们有足够的韧性去面对失败。从长远来看，直面挑战给自信带来的影响，远比输赢带来的影响大。

我们的自信程度往往会在失败之后有所提升，这似乎有悖常理。真正的原因是，我们发现了自己一直害怕的那只怪兽——失败，原来并没有那么可怕。就像《绿野仙踪》里的那个巫师一样，当他从幕后出来时，大家才发现他其实并没有那么恐怖。恐惧也一样，当我们直面它时，我们会发现原来它并没有那么可怕。失败后的痛苦，往往远没有对失败的恐惧所带来的痛苦大。

在哈佛大学2008年的毕业典礼上，“哈利·波特”系列小说的作者J.K.罗琳就谈到了失败的价值：

失败代表着失去了一些无关紧要的东西……通过失败，我得到了真正的自由，因为我最大的恐惧已经成为过去时了，而我还活着，我还有一个我深爱的女儿、一台老旧的打字机和种种奇思妙想。“一无所有”成为我重建生活的坚实基础……失败给了我一种无法通过其他任何途径获得的安全感。失败也让我看到了无法从其他事情中看到的自我。我发现原来自己有这么强大的意志力，我比我想象的更加自律，我还发现，我有比红宝石更加珍贵的朋友……你从失败中认识到，自己可以变得更有智慧、更坚强，这意味着你有了更强的生存能力。只有在经历过逆境的考验之后，你才能完全认识自己，并且真正理解身边人带给你的力量。

我们只能通过经历失败和直面失败来学习如何应对失败。越早面对困难和挫折，我们就越能从容面对人生道路中各种各样的障碍。

回想一个你曾经面对的挑战，或者你勇敢尝试的某件事。你从这段经历中学到了什么？你从中获得了哪些成长？

……………………………………………………………………

……………………………………………………………………

每周感恩清单

本周，我要感谢的是：……………………………………

……………………………………………………………………

……………………………………………………………………

练习

审视失败

在关于觉知力与自我悦纳的研究中，心理学家谢利·卡森和埃伦·兰格发现：“当人们去审视自己的错误并且从中学习时，他们会很关注自身和自己所在的世界。这时的他们不但更愿意接纳自身的错误，还会因为这些错误给他们未来的成长指明了方向而感恩。”以下练习能够帮助你审视自身的错误。

用 15 分钟记录你经历的一次失败。描述一下你当时的行为、想法、感受，以及你现在的感受。你对那段经历的看法有没有因为时间的流逝而改变？你从中学到了什么？从这段失败的经历中，你有没有获得其他益处？

勇于挑战可能会使我们瞬间失去平衡，但是不挑战会让我们彻底失去自我。

——索伦·克尔恺郭尔

12 | 完美主义与最优主义

完美主义者与最优主义者最大的不同，是前者不接受现实，后者接受现实。

无论目标是什么，完美主义者都期望他们的道路，甚至人生的旅程，像一条笔直、平稳的直线，路上没有任何障碍。当他们的道路不可避免地出现曲折（比如遭遇失败，或者当某些事情并不像他们所期望的那样顺利）时，他们就会感到无比挫败，并且不知道如何应对。完美主义者会回避现实，而最优主义者会将失败看成生命中的一部分。并将其看作成功道路上必经的路程。他们会理解，无论是工作中的不顺，还是情感上的不顺，都只是完整、充实的生命的一部分；他们会从这些经历中学习，并且变得更加坚强和坚韧。我在大学时之所以会过得不快乐，就是因为我无法把接纳失败看作学习和生活中自然而然的一部分。

完美主义者喜欢用幻想来代替现实，幻想一个完全没有失败和痛苦的世界，在那个世界里，一个目标无论如何不现实，都是可以被完成的。最优主义者会接受现实，他们理解，在真实的世界里，失败与悲伤是不可避免的，而且目标必须是有可行性的。

在抗拒现实的过程中，完美主义者付出了极大的心理代价。因为失败总是时有发生，所以抗拒失败给他们带来了许多焦虑。对痛苦的压抑，会导致该情绪越来越强烈，最终带来更多的痛苦。他们无视真实世界里的限制与约束，这让他们为成功设定了不合理的、无法达到的标准，正是因为总是无法达到自己设定的标准，他们经常感到挫败和无能为力。

因为能接受现实，最优主义者不但在情绪上很健康，而且能过上令自己满意的生活。虽然他们也不喜欢失败，但是正因为他们能接纳失败，所以他们在工作中不会产生过多的焦虑感，并且也能享受工作的过程。因为他们相信活着必然要体验痛苦情绪，所以他们绝对不会因压抑自己的负面情绪而使其恶化。他们会直面自己的负面情绪，从中学习，然后继续他们的人生。由于他们愿意接受真实世界里的所有限制与约束，他们给自己设定的目标都是可以达成的，因此，他们能充分地去经历人生、感恩生命，并且享受成功。

你在生命中的哪些领域里是最优主义者？在哪些领域里是完美主义者？

每周感恩清单

本周，我要感谢的是：

练习

个性特质

根据表 12-1，想想你在生活中有没有符合其中一个或几个特质的行为，试着举几个例子来说明。你觉得在哪些方面你可以改变原有的行为模式？如果你有成为完美主义者的倾向，那么你不妨想想，若以最优主义者的视角看待问题，你的态度和行为会有怎样的不同？

表12-1　个性特质

完美主义者	最优主义者
抵抗失败	接受失败
抵抗痛苦情绪	接受痛苦情绪
抵抗成功	接受成功
抵抗现实	接受现实

在深冬的某一天，我才发现自己的内心原来有个看不见的盛夏。

——阿尔贝·加缪

13 | 80/20 法则

意大利经济学家维尔弗雷多·帕累托提出了“80/20 法则”（又称“帕累托法则”）。80/20 法则的大概意思是：在一个国家里，20% 的人拥有这个国家 80% 的财富；在一个企业中，20% 的客户创造了这个企业 80% 的收入。最近，80/20 法则则被理查德·科克与马克·曼西尼引入时间管理领域，他们认为，我们可以更好地利用时间，把精力投入 20% 的工作中，就可以达到我们想要达到的 80% 的效果。比如，我们可能需要花 2~3 个小时写一篇完美的报告，然而也许只需要 30 分钟，我们就能够写出一份足以表达我们意愿的报告。

我在大学时是一个疯狂的完美主义者，当时我总是非得读完老师要求的每本书上的每一个字，但当我开始应用 80/20 法则之后，虽然起初有些不适应，但慢慢地我就能精准地找到那些可以带给我最大效益的20%的书了。我当时依然是一个很想在学业上取得好成绩的好学生，唯一改变的是我“要么满分，要么零分”的极端完美主义的态度。是的，我的成绩在开始改变时确实有一些下降，但是我多了好多参加课外活动的时间，比如参与壁球训练、提高演讲能力，以及与好友相处的时间。我不仅变得比前两年更幸福了，而且当我从整体角度（之前只是从成绩的角度）审视我那时候的生命时，我发现自己也更成功了。所以，直到现在，80/20法则始终是我事业上的“好朋友”。

思考一下你的时间是怎样分配的。哪些事可以减少时间投入？哪些事可以增加时间投入？

每周感恩清单

本周，我要感谢的是：..

....

....

练习

诚实的镜子

把对你来说最有意义和最快乐的事情列出来，比如参与家庭聚会、运动、参与社会活动或者听音乐等等。

在每件事的旁边，写下你每周或每个月投入的时长。然后看看，你是否将最多的时间放在了你认为最有价值的事情上？你和伴侣、孩子相处的时间多吗？你每周至少运动 3 次吗？你在所属的组织里是否足够活跃？你能否腾出时间在家中听听歌，或者去参加音乐会？

现在，想想如何将 80/20 法则应用到这些事情上。回顾你所做的事，然后看看在哪些事情上投入 20% 的精力就能为你带来 80% 的效益。

这个练习就像一面生活的镜子，它可以帮助我们看清自己内心真正的价值观与实际行为是否一致。它们的一致性越强，我们的幸福感就越高。

预测未来最好的方法是创造未来。

——史蒂芬·柯维

14 | 自我认知

心理学家达里尔·贝姆在他的研究中发现，人们对自己与他人的看法，都是通过观察得来的。当我们看到某个人在帮助别人时，我们会认为他是一个善良的人；而当我们看到某个人在为自己的信念挺身而出时，我们会认为他是一个有原则且勇敢的人。同样，我们对自己的认识也来自对自身行为的观察。当我们做出善良或勇敢的行为时，我们的态度会随着行为的改变而改变，我们会越来越觉得自己是一个善良、勇敢的人。贝姆称这样的原理为“自我认知理论”，他发现行为可以慢慢改变态度。由于完美主义是一种态度，所以它也可以通过行为来改变。

想象一下会在你的生命中反复出现的各种行为。通过观察你的行为模式，你得出的结论是什么？

每周感恩清单

本周，我要感谢的是：

练习

行动

想象一些你一直想做，但因为害怕失败而一直没有做的事情。接下来，无论是尝试演话剧、参加球队、和朋友约会，还是写作，都勇敢地试试看！无论你在追求什么，都记得以最优主义者的方式行事（即使在开始时需要假装成最优主义者也可以）。寻找能使你走出舒适区的机会，寻求反馈与帮助，承认自己的错误，等等。在这个走出舒适区的过程中，记得经常留意自己的各种感受、想法以及行为。

开始做事的方法，是停止交谈，立刻行动。

——华特·迪士尼

15 | 全然为人

其实，我们在很小的时候就已经学会隐藏和压抑自己的各种情绪了。我们可能都听过“男儿有泪不轻弹”的说法。成功时表现出快乐和喜悦，会被认为骄傲了；喜欢别人的东西，会被视为贪婪。我们也可能被教导：通过肢体接触表达自己对某个人的感情是肮脏的和可耻的；因为害羞和紧张而不敢放开自己是不潇洒的，也是丢脸的。忘记童年和刚成年时所学的东西是很难的，这也是许多人都无法让自己的种种情绪自然流露的原因。

虽然我们不必在公共场合展现自己的情绪，但我们确实应该拥有一些可以表达自己情绪的途径。我们可以和朋友谈谈自己愤怒和焦虑的问题，可以在日记中回顾自己恐惧和嫉妒的情绪，可以在一些互助组中和与自己有相同问题的人互动、沟通，也可以在独处时或在与关心我们的人相处时，流下喜悦或悲伤的泪水。

在你还是孩子时，有人曾经告诉你要隐藏和压抑自己的情绪吗？无论是快乐的情绪还是痛苦的情绪，你在生活中释放它们的途径有哪些？

....

....

每周感恩清单

本周，我要感谢的是：..

....

....

练习

全然体验自己所有的经历

你可以通过正念来释放自己的痛苦情绪。塔拉·贝内特-戈尔曼是一个将东西方心理学结合起来做治疗的心理医生。她写道：正念意味着在不改变事物本身的情况下去看事物的原貌。正念的重点是在不拒绝负面情绪的情况下，化解我们对它们的反应。方法就是关注自身的负面情绪，打开自己的心去接受它们，让它们自然流动，最终让它们自己消解甚至消失。

比如，如果你在观众面前容易紧张，那么你不妨闭上眼睛，想象你站在台上的样子；如果时间无法抚平你失去亲友的伤痛，那么你可以试着想象你和逝者道别的场景。你也可以不用想象特定情景的方式去面对某些情绪，比如不安或悲伤等，只是去感受它们。一旦这些情绪出现，你可以用几分钟的时间去充分体验它们，不要试图改变什么。

在整个练习的过程中，尽量保持深度而又缓慢的呼吸。如果你走神了，再次回到之前想象和经历的情景就可以。如果想哭，就让你的泪水自然流淌；如果有愤怒、失望或喜悦等其他情绪出现，就让它们自然地流露；如果身体出现了反应，如哽咽或心跳加快等，你就持续地深呼吸，不要试图做出改变，并且将注意力集中在出现反应的部位。

这个练习最主要的目的就是让自己感受自身的所有状况，要感受，而不是思考。重点是接纳自己的各种情绪，与它们和平共处，而不是试着理解并且“改正”它们。

那些不知道如何用整个心去哭泣的人，也不会知道如何开怀大笑。

——果尔达·梅厄

16 | 正直

"正直"（integrity）这个词在词典里的解释是"完整或专一的品质或状态"。言行一致就是一种正直的表现。正直可以是一名政客在当选后兑现在竞选时的承诺，也可以是在单独和朋友约会时准时赴约。换句话说，对数百万人许下的承诺固然重要，但答应朋友的话也丝毫不能马虎。

这世上没有完美的人，大家可能都迟到过，甚至都有未能履行承诺的经历。所以重点不是人们是否正直，而是人们有多正直。每个人的正直程度其实都介于绝对正直与绝对不正直之间。在一个极端，我们会看到拼了命也要遵守诺言的人；而在另一个极端，我们则会看到把承诺当成儿戏的人。我们的正直程度在很大程度上决定他人甚至是自己会多尊重我们自己。

当我遵守自己的承诺时，无论是对他人还是自己，我都在传达一个很重要的信息，那就是我的想法、我的话语，还有我这个人，是有影响力的。我的话语其实就是一种表达自我的方式，所以，当我尊重自己的话语时，我就是在尊重我自己。

心理学家纳撒尼尔·布兰登被许多人认为是自尊心运动的创始人，在他看来，正直是支持自尊心的重要支柱之一。在布兰登和其他人的研究里，他们发现了正直与自尊之间的自我强化的环形关系。

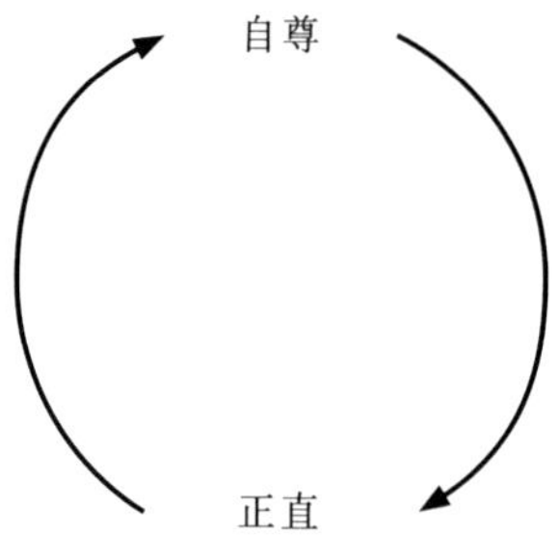

图 16-1　正直与自尊的环形关系

所以，我们活得越正直，我们就越尊重自己；而我们越尊重自己，我们就越容易成为言行一致的人。

你是否知道或认识一些非常正直的人？你觉得在生命中的哪个方面自己需要变得更正直一些？

....

....

每周感恩清单

本周，我要感谢的是：..

....

....

练习

成为更正直的人

增强自尊心最好的方法就是活得更正直。我们可以从守时做起，也可以写下我们做出的种种承诺，比如打电话关心朋友，帮助同事或带孩子出去看电影，然后确保我们说到做到；或者，每周按照自己的计划运动 3 次，除了周日每天都吃得健康一些，等等。

在每周结束的时候，我们可以回顾、反思和提问。比如，我的正直程度是否有所提升？在生命的哪个方面（比如家庭或工作），我在“活得正直”这点上做了太多妥协？我是否做了一些无法兑现的承诺？我是否承诺得太多了？如果是，那么我在何时更需要学会说“不”？我们只有在发现这些问题之后，才能在以后的练习中做得更好。

一旦开始了这个练习，就要谨记这是一个循序渐进的过程。如同我们不会在刚开始跑步时就每天跑 10 英里[①]一样，我们也不可能在一夜之间就变成世界上最正直的人。正直是一种需要花时间去培养的品质，这是一个持续一生的、需要不断改进的过程，我们必须为其做好准备。虽然可能只需要

---

① 1 英里 = 1.609 344 千米。——编者注

一两周，我们就能感到自尊心的提升以及来自他人更多的尊重，但只有月复一月、年复一年的努力，才能真正将正直变成我们的习性乃至生命的一部分。

幸福感只能建立在美德与真理之上。

——塞缪尔·泰勒·柯勒律治

17 | 巅峰体验

根据心理学家亚伯拉罕·马斯洛的描述，“巅峰体验”这个术语的意思是，“人一生中最幸福的瞬间，狂喜、兴奋、极乐和极度满足的体验，人类生命中最美好的时刻”。这些时刻可以来自“极度美妙的经历，比如创作时的欣喜若狂、成熟的爱情、近乎完美的性爱、父母的慈爱、顺产，以及许多其他类似的事件”。这些感觉不会永远持续下去，但是巅峰体验带来的影响可以永远存在，可以帮助我们真正认识自己，洞悉自己的使命，提供勇气与信心帮我们面对未来的种种挑战，激发并推动我们去做自己一般情况下不可能会做的事情，并且帮助我们变得更有韧性，活得更幸福。

回想一下你经历过的巅峰体验。为了让你在生命中经历更多的巅峰体验，你还可以做些什么？

每周感恩清单

本周，我要感谢的是：

练习

再次经历巅峰体验！

巅峰体验可以成为积极改变的开端，它可以改变我们的生活。心理学家查德·伯顿与劳拉·金研究发现，有一种方法可以扩大巅峰体验的影响。在研究中，他们要求参与者在3天的时间里，每天都花15分钟写下自己所经历的各种巅峰体验。在研究结束后，他们发现记录自己巅峰体验的人的身心健康状况都变得更好了。以下是他们给每个参与者的指导：

回想一下你生命中那些最美好、最幸福、最喜悦以及最让你欣喜若狂的经历，这些经历可以来自爱情，缘于音乐，始于阅读，出自绘画，还可以源于用心创作的时刻。现在，从中选择一个你最喜欢的经历，然后想象你又回到了那个时刻，并且再一次体会当时所有的感觉和情绪。接着写下你再次经历巅峰体验时的所有细节，包括你的感受、想法和情绪。这里要注意的是，要尽你最大的努力去体验其中所有的情绪。

就在这周，请挑出3天，每天花15分钟做这个练习。我建议最好使用其他纸张，这样你才不会被本书空间的大小限制。在第二天和第三天的时候，你可以记录和第一天同样的经历，也可以记录完全不同的事件。

我一直认为，定义一个人性格的最好方式是，找到他身上最明显、最强烈、让他感到最有活力的精神或道德态度。当展现出这种态度时，他能听到内心有个声音在说“这才是真正的我”。

——威廉·詹姆斯

18 | 亲密关系：僵局

性问题治疗师戴维·施纳屈的研究指出，所有长期的亲密关系在某些阶段都会遇到所谓的“僵局”，双方感到好像卡在了某个冲突里，无法解脱。这类冲突一般不是那些可以很容易被解决和被忘却的冲突，而是非常激烈、容易反复和看起来无法化解的冲突。这类冲突一般与孩子、双方父母、金钱或性生活相关。比如孩子应该接受什么样的教育，性生活应该保持怎样的频率，怎样才能激发彼此的性欲，等等。僵局经常会挑战双方的自我意识，因为他们必须要在坚持（坚守自己的信念）和妥协（以妥协换得与对方和平相处）之间做出选择。

亲密关系在僵局中结束并不是一件稀奇的事。有些人离婚了，有些人因种种原因依然维持着婚姻，却已形同陌路。但施纳屈认为，僵局虽然是一种危机，但同时也是一种转机，是双方成长的好机会。“婚姻里的紧张程度与压力总是会比我们预期的大。有时候，它们甚至会强烈到让双方将该处理问题的时刻误认为是该离婚的时刻。”但那些能够克服并打破僵局的伴侣，都在个人与双方关系上有了极大的成长。这些人的亲密关系变得不但更真实，而且更紧密。

一个人如果想在亲密关系中增进双方的亲密度和彼此了解的程度，方法之一就是去处理彼此之间的种种问题，施纳屈称其为“亲密关系里的驱动轮和磨刀石”。分歧并不代表任何人或亲密关系本身有问题，它只是亲密关系发展过程中的一部分。总体来说，亲密关系正朝着更包容、更亲密以及更有激情的方向发展。

回想一下你在亲密关系中感到陷入困境的时候。你做了什么，或者你本可以做些什么来打破僵局，并强化你们的关系？

每周感恩清单

本周，我要感谢的是：……………………

……………………

……………………

练习

完形练习

心理学家纳撒尼尔·布兰登发明了一种“完形练习”。在这个练习里，你需要填上不同的内容来完成一些不完整的句子。这个练习的重点在于，你在每一个句子后面都要写出或说出至少 6 种不同的结果。在做这个练习的时候，记得放下你的批判性思维，不必在意答案是否合理、是否矛盾或是否一致，你只需写下或说出浮现在你脑海中的答案。你这周可以每天都练习完成以下句子，也可以想出你自己想要练习的句子。

为了不被页面空间限制，你可以另外找一张白纸，把想要完成的句子写在上面，然后在每个句子的后面，用1~2分钟的时间写下你能想到的一切答案。在完成以后，你可以检查自己的答案，然后分辨哪些属于杂乱的念头，哪些是合理的，哪些是你愿意探索更多的，哪些是无关痛痒的。在下面空白的地方，你可以做一些反思，分析自己的答案，然后写下你从中学到的东西，根据你的分析采取行动。

以下句子有些是针对个人的（你可以将句子中的X改成某个你关心的人），也有一些是针对亲密关系的。

为了使我与X的亲密度提高5%，____________________

如果我坦诚的程度能提高5%，____________________

为了提升亲密关系中的亲密度，____________________

如果我接受X的程度能提高5%，____________________

如果我接受自己的程度能提高5%，____________________

为了改善我与自己的关系，____________________________

为了将更多的爱带进我的生命里，______________________

我开始发现，____

爱就是这么奇妙，值得我们为了它而努力，为了它而勇敢，甚至为了它牺牲一切。

——埃里卡·琼

19 | 善举

我经常感到世上最自私的行为就是给予。因为在帮助他人的过程中，收获最多的其实是自己。虽然慷慨给予带来的好处不一定是物质上的，但是它们总是能够大大增加我们的幸福感。幸福是一种无限的资源，它没有上限，当某个人的幸福感越来越高时，别人也不会有任何损失。通过慷慨的行为——给予与分享，我们可以更好地挖掘无穷无尽的幸福资源，获得更多的精神财富和情感财富。

慷慨所带来的心灵上的好处其实就来自给予这个行为本身。在我们的天性里，本来就没有几个比分享和给予更能令我们高兴的行为。想要证明这一点吗？很简单，你只需要回想你之前帮助某个人的情景，或者你曾经在他人生命中产生的积极影响。单单是给予本身（不包括任何外在回报）带给我们的满足感就已经巨大无比了。

你最后一次帮助他人是什么时候？无论那次是帮大忙还是帮小忙，你都可以回忆一下当时的感觉。

......

......

每周感恩清单

本周，我要感谢的是：......

......

......

练习

做好事

心理学家索尼娅·柳博米尔斯基在一次研究中，要求参与者每周都要做好事，包括对认识的人与不认识的人、公开的和私下的、随机的与计划好的。所有参与者都因此明显感受到了幸福感的提升。幸福感提升最多的是那些被要求不断变换善举的人，以及在一周中只做一天好事，而不是一周每天都做好事的人。

在一周中挑一天，用心帮助别人至少 5 次。不必是什么惊天动地的大事（当然如果你能够带来世界和平，我会为你欢呼），比如，你可以帮你的朋友洗洗衣服，向你认可的慈善机构捐赠东西或钱，帮助一个陌生人，写感恩信，献血，等等。你可以将你所做的事情记录在下面，并且写下你下周的计划。

一根蜡烛可以点燃上千只蜡烛，它本身的生命却没有缩短。幸福也是一样，它从未因为分享而减少一点点。

——佛陀

20 | 利益挖掘

为什么世上有那么多已经实现梦想、取得成功，似乎应该很快乐的人活得那么痛苦？同时，为什么有许多经常遭遇不幸与困难的人从未停止热爱生命？这个常见的现象背后的原因是，影响幸福感的因素不仅有客观事实，同时也包括主观认知，也就是我们对事情的解读方式。

客观事实可以是所有发生的事情。从赢得冠军、成为富翁，到考试不及格、被伴侣否定，这些都是客观事实。而我们在这些事情里经历和感受到了什么，则取决于我们的关注点以及对它们的解读方式：我是否会因为自己的胜利和成就而感到高兴？还是会觉得它们是理所当然的，并且挑剔自己的种种不完美？我是否会因为考试失利或被否定而不停地责备自己？还是会去思考我能从中学到什么？

没有人能对悲伤或痛苦免疫，但有些人总是能够在所经历的事情中看到好的一面，他们会为了自己和他人的成就而喜悦，也会尝试着将失败看成机会。换句话说，他们总是会乐观地生活。而另一种人总是看到半空的水杯，几乎找不到任何可以使他们快乐和满意的理由，经常感到不满足，他们通常也是典型的悲观主义者。

前者就是一种被我称为“利益挖掘者”的人，是那种可以在黑暗中找到光明、将酸柠檬做成可口的柠檬汁、关注生命中美好的一面以及不会在书中只看见陈词滥调的人。后者则是亨利·戴维·梭罗所说的“缺点挖掘者”，也就是那些“在天堂里都能找出缺点”的人。很不幸，这些人无论如何都无法快乐起来。

虽然我不相信所有事情背后都有好处，但我相信这世上总有人能够在所有发生的事情中看到积极的一面。相信所有事情背后都有好处是一种被动的态度，但在所有发生的事情中看到积极的一面则是一种主动的行为。

对于缺点挖掘者来说，成功无法带来恒久的幸福感，失败却可以证实他们对于生命的消极看法。而那些关注积极面的人则能够从失败中找到利益，同时，他们往往也能收获成长的机会和喜悦。

你觉得自己更像利益挖掘者还是缺点挖掘者？在你生命中的哪些方面你更像是个利益挖掘者？

……………………………………………………………………………………

……………………………………………………………………………………

每周感恩清单

本周，我要感谢的是：……………………………………………………

……………………………………………………………………………………

……………………………………………………………………………………

练习

认知重构

“认知重构”练习可以帮助我们慢慢转变成一个利益挖掘者，让我们重新审视失败，提醒我们从失败中学习和成长。

写下你生命中的一些故事，先站在缺点挖掘者的角度写，然后再从利益挖掘者的角度写。比如，如果你写的是在某次考试得到了不理想的成绩，就先写你当时有多烦恼、多痛苦（缺点挖掘者），然后写那次经历如何使你变得谦虚，如何让你懂得了努力学习的重要性（利益挖掘者）。在写下这些事情的时候，要谨记利益挖掘并不意味着无论发生什么事情都傻傻地高兴，而是接受所发生的事实，然后寻找其中积极的一面。

悲观主义者看到的是机会中的困难，而乐观主义者看到的是困难中的机会。

——温斯顿·丘吉尔

21 ｜ “谢谢你”

向他人（比如父母、老师、朋友或学生）表示感谢是提高他人与自己幸福感的最有效的方法之一。马丁·塞利格曼教授在他的积极心理学课程中介绍了一种叫作“感恩拜访”的练习。他让学生们写感恩信来感谢曾经帮助过他们的人，然后去拜访这些人，并且将信的内容读给他们听。无论是塞利格曼和他的学生的实践，还是其他的研究，都证明了这个练习的效果是非常显著的。无论是对于表示感谢的人、被感谢的人，还是对于他们之间的关系，效果都很显著。

我在我自己的课程里也应用了这个练习，学生的反馈经常让我感动得落泪。比如一位父亲在十几年前拥抱过他的孩子，在听了感恩信的内容后，终于再一次拥抱了他；一段看似已经结束的友谊因为一封感恩信而被修复；一位老教练在被感谢之后，对学生说忽然感觉自己年轻了许多；等等。感恩的力量是巨大的！虽然感恩的方式有很多种，但是亲自将感恩信送去并且念给对方听，尤其有力量。

想象一下你感激的人。你最喜欢这个人的哪一点？你想要感谢这个人的是什么？

....

....

每周感恩清单

本周，我要感谢的是：..

....

....

练习

感恩拜访

给你想要感谢的人写一封感恩信，并且在信中真诚地表达你的想法。你可以讲述一些特殊的事情或经历来表示你的感激之心。感恩信比一张简单的感谢便条真诚多了，所以我建议大家在可能的情况下多写这样的信件。感恩信是你对你在两人关系中获得的意义与快乐的用心思考，它承载着你们共同的梦想，也记录着你们一起度过的欢乐时光。

虽然一封感恩信就能够提升我们的幸福感，但对于写信者来说，感恩信的影响往往很快就会消失。为了使感恩信和感恩拜访带来更持久的效果，我们需要将这个练习变成一种习惯。在理想情况下，我们应该一周写一次感恩信。如果你真的比较忙，那么我会建议你至少一个月写一次。其实写信的过程本身就已经很幸福了，但是如果你能够亲自将信送过去，效果就更好了。

写下至少 5 个你感激的人的名字，拟定计划并且按照计划写感恩信给他们，然后亲自送去。

感恩不但是最伟大的美德，更是所有美德的源泉。

——西塞罗

22 | 复原力

我们都有一种对于快乐和娱乐的原始需求，但作为拥有自由意志的人类，我们可能会选择无视并抵制我们本能中的种种需求。我们喜欢将自己看成铁人，而且认为当科学在不断发明出更好、更快、更可靠的机器时，我们也可以变得越来越强大。我们经常会在无形中减少自己的休息时间，少睡觉，少休息，少暂停，多做事，努力超越极限。但不管我们如何臆想，极限还是存在的。我们如果不断违反自然规律，就必将付出代价。不管是个人还是社会，都要为此付出代价。

不断出现的心理问题以及更强大的精神类药物目前正在将我们推向一个未知的黑洞。为了扭转这种局面，我们不应再听从那些宣传所谓的“灵丹妙药”的广告商，而应该顺应我们的天性，重新发现天性的奇妙之处。正常的休息往往具有和精神类药物相同的功效，你只需要顺应天性即可。

你有足够的休息时间吗？你每天休息的次数够吗？你每晚的睡眠质量好吗？你每周是否至少休息一天？你最近一次度假是在什么时候？下一次呢？

……………………

……………………

每周感恩清单

本周，我要感谢的是：……………………

……………………

……………………

练习

从过去最好的经历中学习

回想一段你在工作上做得很好的时期,时长不限,从一个月到一年都可以，将它写下来。和其他时期相比，你在这段时期感到对自己最满意，最有创造力，工作最有成效。如果你的工作年限还不是很长，或是想不到这样一段工作时期，那么你也可以写在其他方面满意的经历，比如在学校里学习的经历。

你以往获得成功的主要原因是什么？你当时的休息方式是怎样的？你的同事是怎样的人？更重要的是，你从这些过去的经历里可以学到什么？你将如何把这些经验应用到你目前或未来的工作中？

哪些方式可以激发出你最好的一面？把它们写下来。在你的日记中写下你计划的休息方式，比如定期去健身房上课，与朋友约会，或者同家人度假，等等。

除了回顾自身的经历，你也可以参考别人的经验，工作中或其他领域中的人的经验都可以。问问自己，你可以从他们身上学到什么，来帮助你明确自己的事业方向、人生规划以及你所想要避免的问题。

有时间去经营心灵的人，才能够享受真正的闲暇时光。

——亨利·戴维·梭罗

23 ｜亲密关系：积极关注

在亲密关系的初始阶段，如求爱、结婚、蜜月，通常都不会出现冲突。但当两人真正开始进入生活阶段时，冲突就变得不可避免了。对许多人来说，冲突是亲密关系陷入麻烦的象征。而完美的和谐状态（完全无冲突）则是大部分人所追求的。

一个有意思的事实是，冲突不仅是不可避免的，而且是长期、健康的亲密关系中不可或缺的重要组成部分。当我们接种某种疫苗时，其实是将少量的病毒注射到自己的身体里，让其自然产生抗体来抵抗日后病毒更严重的侵犯。同样，不严重的小冲突就如同为亲密关系注射疫苗，可以增强亲密关系对大冲突的防御能力，使伴侣双方在日后面对严重的矛盾时可以更好地应对。

心理学家约翰·戈特曼多年来一直从事亲密关系的研究工作。他发现，在健康、长期的亲密关系中，伴侣之间积极与负面事件的比例差不多是5∶1。也就是说，在健康的亲密关系中，每出现1次向对方发脾气、批评对方、互相敌对的情况，相应地就会出现5次亲密的行为，比如同情对方、做爱、表达爱意等举动。

虽然戈特曼发现了5∶1这个比例，但是我们要记得，这个比例是一个平均值。在各种健康的亲密关系里，有的比例可能是3∶1，有的则可能是10∶1。戈特曼的研究有两个关键信息：第一，负面事件是不可或缺的；第二，积极的事件必须要多过负面事件。极少发生或完全没有冲突的亲密关系，往往意味着伴侣双方都避开了重要的事情或者没有正视两人之间的分歧。由于没有任何人或亲密关系是完美的，没有冲突只能说明伴侣双方都不敢面对挑战，他们不愿从冲突中学习，选择了逃避。同时，虽然冲突对亲密关系有一定的必要性，但如果亲密关系里的摩擦与愤怒多于友好与关爱，那么它一样是不健康的。

你对伴侣的批评是否超过了你对伴侣的赞美？你认为在亲密关系中增加积极的信息与行为会有什么样的好处？

……………………………………………………

……………………………………………………

每周感恩清单

本周，我要感谢的是：……………………………………

……………………………………………………

……………………………………………………

练习

60秒愉悦点

戈特曼建议伴侣们除了增强彼此之间的尊重和接纳，应该多关注亲密关系中积极的方面。关注积极的方面并不需要任何巨大的改变。阿克曼家庭关系研究学院的教授彼得·弗兰克尔推荐了一个叫作“60 秒愉悦点”的练习。他建议与其使用特殊的事件或礼物来维持亲密关系的亲密度，不如每天只做 3 次练习。比如一个热情的吻、一封幽默的电子邮件、一条充满爱意的短信、一些由衷的赞美，或者一句简单的“我爱你”。别小看这些小事，它们对于培养以及维持亲密关系大有帮助。

写下一些你可以做到的“60 秒愉悦点”，然后在下一周里每天至少做 3 次。它们可以天天不同，也可以相同，重点是你要把它们安排好。

一句美好的赞美可以让我高兴两个月。

——马克·吐温

24 | 认知疗法

认知疗法的基本理论是“我们对事件的情绪反应来自我们对事件的解释，而不是事件本身”。这也是为什么不同的人面对同一个事件的反应可以有那么大的差别。事件会带来想法（对事件的解释），然后这个想法会演变为一种情绪。比如，我看见了一个婴儿（事件），认出她是我的女儿（想法），然后感到爱意（情绪）；或者，我看到了等待我上台演讲的听众（事件），我感到他们已经等得不耐烦了（想法），接着我的焦虑感就出现了（情绪）。

事件→想法→情绪

认知疗法的目标是通过消除被扭曲的思维来恢复我们实事求是的感知力和判断力。当我们产生不理性的想法（认知上的扭曲）

时，我们可以通过改变对事情的看法来改变我们对事情的感觉。比如，如果在面试之前感到十分恐惧，那么我可以尝试着重新评估那个带来焦虑感的想法（如果我被拒绝了，我就完蛋了，而且再也找不到任何工作），然后用一个理性的想法（虽然我很想要这份工作，但之后其实还有很多不错的机会）来代替那个被扭曲的想法。扭曲的思维往往会带来过度的、不健康的恐惧感；而理性的思维则会带我们重新审视形势，并且还有可能会帮助我们直面挑战，让我们变得更加强大。

回想一个你在某种情况下表现出的强烈的情绪反应。你当时的反应合适吗？你觉得你可以从其他的角度看待那件事情吗？

……………………………………

……………………………………

每周感恩清单

本周，我要感谢的是：……………………

练习

PRP步骤

我个人认为应对负面情绪最好的方法就是遵循 PRP 步骤行动，PRP 步骤是指全然为人（**p**ermission to be human）、认知重构（cognitively **r**econstructing the situation）和拓宽视野（gaining a wider **p**erspective）。

回想最近使你心烦意乱的一件事，或者未来让你担忧的某个问题。首先给自己一个全然为人的机会：接纳已经发生的事情以及你自身产生的情绪。你可以去找自己信任的人倾诉心声，将你的感受写下来，或者找个安静的地方用心体验自身的感觉。这个步骤的时长可以是 5 秒钟，也可以是 5 分钟。

接下来是认知重构。回想一下,这件事是否包含积极的因素。这并不是说你要强迫自己变得快乐，而只是去看看你是否可以从这件事中获得好处。你是否从中学到了新东西？你是否对自己或他人有了新的认识？你是否变得更有同理心？你是否更加感激生命中的一切？

最后，退后一步，用更宽广的视野看待此事。你是否看到了一些之前未曾看见的东西？一年之后你会怎么看待这件事情？你是否有点儿太小题大做了？

PRP步骤不一定非要按照顺序来,你可以遵循以上顺序，也可以遵循你自己觉得合适的顺序。

请经常重复这个练习。你可以主动寻找已经发生的、可练习的事件，或者在某件事发生后再用这个方法应对。练习的次数越多，你从中获得的好处就会越多。

坏情绪真是一种古怪的东西，我们经常会自己骗自己，然后被自己创造的假象和痛苦伤害。

——戴维·伯恩斯

25 | 为人父母

那些经历过许多苦难的父母，通常更希望自己的孩子过上好日子。当然，期望孩子远离苦难是一种高尚的目标，这来自父母对孩子本能的爱与关怀。但父母往往没有意识到的是，虽然他们或许可以在短时间之内帮助孩子过上更好的生活，可是长期下来，他们往往削弱了孩子获得自信心、韧性、意义感，以及各种重要的人际关系的能力。事实上，在孩子健康成长的过程中，失败、在困境中挣扎、痛苦情绪，都是不可或缺的。

无论你是否已经为人父母，你都可以思考一下，你会不会本能地想去帮助你深爱的孩子过上轻松、无挑战的生活？思考一下，在这种优渥的环境中长大的孩子要付出的代价是什么？

每周感恩清单

本周，我要感谢的是：

练习

“足够好”的父母

回想你和某个孩子（你自己的孩子或别人的孩子）的关系。把你有机会介入这个孩子的生活的所有事件都列在一张表上。在每个事件后都描述一下你的介入所带来的结果。然后反思一下，看看你所做的这些事情对孩子来说是否真的是最好的，同时将你所想到的写下来。最后，想象一下你在未来能够做些什么去给这个你深爱的孩子创造更多挑战自我的机会，让他能够为之努力奋斗。

幸运的父母之所以拥有好孩子，恰恰是因为他们的孩子幸运地拥有好父母。

——詹姆斯·A. 布鲁尔

26 | 中期回顾

为了使你真正活得更幸福，我们来回顾一下，到目前为止，你已经开始或者计划开始应用的方法有哪些？你可以写下行为或习惯上的改变（比如更多地表示感谢、简化生活，以及开始锻炼身体等），或者写下方法上的改变（比如给自己全然为人的机会、努力地做一个利益挖掘者等），或者两者都写也可以。

你已经开始或者计划开始的步骤有哪些？哪些事情可能会阻碍这些改变，你又该如何克服这些障碍？

每周感恩清单

本周，我要感谢的是：……………………………………

……………………………………………………………

……………………………………………………………

所有事情都可以通过不断地熟悉和练习而变得简单。通过训练，我们可以改变自己，重塑自我。

——禅修者

27 | 创伤后成长

失去所爱之人的痛苦是无法形容的。有些逝者的朋友或家属甚至无法继续正常生活。值得庆幸的是，我们也看到了许多不同的案例。有些人实在很难从痛苦中走出来；而另一些人，能够走出来，在行为与情绪上恢复了正常的状态；根据劳伦斯·卡尔霍恩与理查德·泰代斯基的研究，还有一些人，不但能够完全恢复正常，而且获得了创伤后成长，也就是从失去中得到了意义更深远的成长，这些人变得更加珍惜生命，与他人的亲密关系变得更好，也都变得更有韧性。

科林·默里·帕克斯在针对一些丧失亲友的人的研究中发现，在失去丈夫后，那些不愿意表达自身情绪的妻子通常在身心上都会有持续时间更长、程度更重的症状；而那些在丈夫离世后看似更痛苦的妻子，事后反而健康许多。詹姆斯·潘尼贝克在他的研究中发现，“那些失去丈夫后更愿意和别人倾诉自己感受的妻子，日后在健康方面的问题一般要少得多”。在持续表达自己的痛苦的过程中，她们逐渐接受现实，因此她们一般都能慢慢恢复正常的生活状态。只有允许自己去感受以及接纳自身的痛苦情绪，我们才能真正从痛苦中走出来，并且建造一个更强大的心灵基础去支持自己与身边的人。

拉尔夫·沃尔多·爱默生在27岁的时候失去了挚爱的妻子埃伦，当他再婚并且有了孩子后，他又失去了两岁大的儿子。爱默生后来写了一篇名为《补偿》的文章，文章充分体现了他对生命的感悟以及他的乐观。下面是他的文章中的最后一段话，讲的正是创伤后的成长。

> 经历一段相当长的时间后，对灾难的补偿就会越来越明显。发烧、残缺、绝望、丧失财产、失去朋友，所有这些在当时来说似乎都是无可挽回、无法弥补的损失。但是，年复一年，时间会慢慢地呈现万物中所蕴藏的补偿力量。我们曾

视好朋友、妻子、兄弟、情人为自己的私有财产，他们的死对我们来说是无比惨痛的损失，但后来，从某种意义上说，却成为新生活的向导。因为死亡通常操纵着生活方式的变革，它结束了人生中势必要结束的一段婴儿期、青春期，改变了我们习以为常的职业、家庭或生活方式，并创造出更有利于个性发展的新环境。它甚至能够促使我们结交新朋友、接受新的影响，事实证明，这些对未来岁月是至关重要的。一个人或许终其一生不过是明媚花园中一朵小花，虽沐浴阳光却无处伸展根茎。但正因为它后来遭受花墙倒塌的磨难，饱尝园丁的疏忽，才有机会长成枝繁叶茂的参天大树，为人们提供树荫和果实。

你是如何面对“失去”的，无论失去的是朋友、爱人，还是工作或任何对你重要的事情？

每周感恩清单

本周，我要感谢的是：……

……

……

练习

正念冥想

在过去的数十年里，许许多多的研究证明了正念冥想对于身心健康的好处。正念冥想指的是，全然体验我们正在做的事情，并且在没有任何评论和判断的心态下，（尽可能地）去接纳当下所发生的一切事情。我们只有在正念的时候才能真正注意到眼前的世界，去经历其中的一切，以及允许自己体验所有好的和不好的感觉。

正念冥想其实就是训练自己接纳的能力。比如，学习网球的理论知识，只能让我们了解一部分打网球的技巧，只有经过实践和练习，我们才能真正成为网球好手。同样，仅仅去讨论接纳是什么，最多只能对它有所了解而已。

虽然正念冥想这个练习本身很简单，但要想将其变为一种习惯，还是很有挑战性的。冥想只有在成为习惯之后才能真正开始对生命有所帮助。我个人建议，每天最好冥想至少10分钟。如果真的没时间，每隔一天甚至每周冥想一次都胜过只说不做。

冥想有许多不同的方式，若你想专业地学习冥想，我建议最好找一位专业老师。下面我介绍一些简单的入门方法。

坐在地上或椅子上都可以，找一个舒服的姿势，记得腰部和颈部一定要挺直。你如果觉得闭上眼睛可以使你更放松和专注，就闭上眼睛。

将注意力放在你的呼吸上。然后温柔地、慢慢地、深深地吸气。将气深深地吸入丹田，然后缓缓地、温柔地将气呼出。在接下来的几分钟里，在一吸一呼之时，感受自己腹部的起伏。如果你开始走神了，温柔地、慢慢地将注意力带回来就好。

要记得，你在冥想中不需要改变什么，只需要全然活在当下。

正念就是全然接纳所有经历，包括好的、不好的，甚至丑恶的。

——约翰·卡巴金

28 | 期望管理

在吉姆·柯林斯的《从优秀到卓越》一书中，柯林斯提起了越南战争的美军战俘中级别最高的军官——海军上将詹姆斯·斯托克代尔的故事。斯托克代尔上将钢铁般的性格与百折不挠的韧性是众所周知的。被释放后，当提起俘虏营残酷的环境时，他谈到持有两种态度的人更有可能生存下来。第一种态度是接纳与面对自己所处的环境，而不是回避与无视。第二种态度是从未停止相信自己有一天一定会被救出去。换句话说，他们在没有逃避当下残酷现实的同时，不曾放弃自己获救的期望与信念。相反，那些不相信自己某一天一定会被救出去，或者整天幻想自己很快会重获自由的人，基本上都没有活下来。

掌握美好期望与残酷现实之间的平衡，是设定目标的关键。

虽然并没有特别简单的方法能帮我们判断哪些目标是现实可行的，但心理学家理查德·哈克曼提出了一种观点：对于一个目标，当我们有 50% 的成功率的时候，我们就会有最强的动力去完成它。

回想你曾经定下的一些目标。其中哪些目标是可行的，哪些不太可行？哪些目标是有激励性的，哪些带来了焦虑？哪些目标让你充满活力，哪些让你垂头丧气？

每周感恩清单

本周，我要感谢的是：

练习

目标管理

想出你现在的5个目标，可以是事业上的（比如升职），也可以是个人生活上的（比如每周在固定的时间运动）。然后在旁边注明哪些是可以完成的，哪些是比较有挑战性的。

表28-1　目标管理

特性 目标	可以完成的	有挑战性的
目标1		
目标2		
目标3		
目标4		
目标5		

现在，有必要的话，修改一下你的目标，使它们既可以被完成而又不失挑战性。接下来，再想两个这样的目标。

充满希望的旅程总是比到达目的地更美好。

——罗伯特·路易斯·斯蒂文森

29 | 自我同情

在许多关于如何应对困难的研究中，学者们总是会强调自尊在应对困难时的重要性。但近几年来，心理学家马克·利里和他的同事发现，与自尊相比，自我同情在困难时期更能够帮助自己。利里对此做了说明："自我同情可以帮助人们在坏事发生时不去过多地自责。当人们失败或犯错误的时候，如果只是持续地责备自己，他们就会处在一种缺乏防御的状态之中，无法应对自己所面临的困难。"

自我同情包括对自己的理解与包容，有觉知地接纳自己的痛苦情绪与感觉，并且认识到种种困难经历是人生的一部分。自我同情也意味着可以在考试不理想时、在工作上犯错误时，或者无故乱发脾气时原谅自己。利里还特别指出："美国社会花了太多时间与精力去强调自我尊重的重要性，其实自我同情才是幸福感更重要的成分。”

东方的禅修者和西方科学家一起工作时，惊讶地发现，大部分西方人的自尊心都有问题，他们不但不爱自己，而且自我仇视的问题相当严重。在东方人眼里，爱人和爱己根本就是一回事。用禅修者的话来说，“从东方的传统来看，同情之心就是在对待自我和他人时的一种心理状态或表达方式”。当人们问禅修者是否可以同情自我时，他回答道：“必须先做到自我同情，然后才会慢慢地同情他人。从某个角度来说，对他人的高度同情就是高级的自爱。这也是为什么自我仇视的人很难会对任何人抱有同情之心，正如一艘船没有锚，就没法启航。”

你对你自己有同情之心吗？你在生命中的哪些方面可以更加有同情心、更宽容？

每周感恩清单

本周，我要感谢的是：……………………

……………………

……………………

练习

完形练习

在另外一张纸上以最短的时间完成以下句子，在写的时候尽量不要想太多。完成之后，回顾自己的答案，并且反思，然后写下你从中发现的对自己的新认识。你可以在一周之内重复练习同一个句子，也可以加上你自己想写的新内容。

如果我能够多爱自己5%，____________________

为了提高我的自尊水平，________________

为了给自己多 5% 的同情，________________

为了给他人多 5% 的同情，________________

我开始发现，________________

要说“我爱你”，一个人必须先知道如何说“我”。

——安·兰德

30 | 自然衰老

为了活得更幸福、更健康、更长寿，我们必须接受人会变老的现实，并且改变关于衰老的一些传统观念。无论你是否喜欢，我们都会随着时间的推移而改变，有些方面变得更好，有些方面则变得更差。从身体上的变化来看，我们的行动会变得缓慢，性欲会减退，脸上会长出更多皱纹；但同时，变老的过程也会带给我们很多智慧、情绪和心灵上的成长。

我并不是要美化衰老这件事，只是想要对其中“好”与“不好”的两方面都加以说明。当然，我们都知道衰老确实会带来诸多不便，比如经常带给老年人许多困扰的健康问题。但与此同时，衰老也有潜在的好处。比如，我们在 60 岁和 80 岁时所能看见、理解、明白和感激的事情，与我们在 20 岁或 30 岁时的所思所感相比，是绝对不一样的。要知道，情绪与心理上的成长是没有捷径的，只有经过岁月的沉淀，在我们有了大量的阅历和经验后，我们才会变得更有智慧、更聪明、更有见识。健康的衰老指的是积极接受衰老带来的种种挑战，同时珍惜衰老带来的诸多机会与益处。

你在哪些方面随着年纪的增长而进步了？怎样才能使这些成长持续下去？

......

......

每周感恩清单

本周，我要感谢的是：......

......

......

练习

向长者学习

挑选一些主题，向那些比你年纪大或者比你更有经验的人请教吧！请他们分享人生经历，包括失败与成功的经历，以及他们的经验与感悟。聆听，仔细地听，听他们说的每一句话。然后进行反思，并且将你的感悟记录下来。

我并不是在推荐用他人的建议完全替代自身想法，我所说的是去吸收那些只能从经历中得来的智慧。在聆听和反思的过程中，我们除了能够更好地认识自己，还能够更好地认识年长者，继而对衰老有更积极的看法。

当我们放弃追求更年轻、更苗条时，日子是多么美好啊！

——威廉·詹姆斯

31 | 真实

布拉德·布兰顿在他的著作《彻底的真实性》（*Radical Honesty*）中谈道："我们都是大骗子，而且都被谎言折磨得不成人样，要知道，谎言不但是人类压力的主要来源之一，还有着极大的杀伤力。"对大部分人（精神病患者除外）来说，说谎都是很有压力的，这也正是为什么测谎仪通常能够测出谎言。同时，每当我们将真实的自己或真实的感受隐藏起来时，我们所承受的其实是撒谎与压抑情绪带来的双重压力。相反，当向自己或亲近的人承认自己的感受时，我们才有可能体会到诚实带来的平静，以及允许自己全然为人时的释然与轻松。

德国最近的一项研究指出，那些在工作中需要经常微笑的人（比如商店店员、空乘人员等）更容易压力过大，患抑郁症、心血管疾病、高血压。大部分人都或多或少需要戴上面具做人，有时候我们需要遵从基本的社交礼仪，控制住自己的各种情绪。然而无论是从事服务行业、每天大部分时间必须去伪装的人，还是因为社交，每天一小部分时间需要去伪装的人，都可以在布赖恩·利特尔的“恢复空间”练习里得到帮助。在这个练习中，你可以和你信任的朋友分享自己的感受，在日记上写下自己的想法，或者自己一个人清静一下。根据每个人的不同情况，有些人可能需要很长的恢复时间，而有些人可能只需要 10 分钟。练习的重点是卸除你的伪装，面对真实的自己，允许自己体验各种情绪。

在你的生命中，什么时候需要戴上面具做人？你准备和谁一起做“恢复空间”练习？在哪里做？

每周感恩清单

本周，我要感谢的是：……………………

……………………

……………………

练 习

完形练习

另外找一张纸，在纸上为以下每一个句子写出至少 6 种不同的结论，记得要尽快完成，不要分析或考虑太多。完成之后，请回顾一下自己的答案，思考它们的含义，然后写下你承诺采取的行动。

为了多分享 5% 自己的感受，____________________

如果我能够更多地分享自己的感受，____________________

如果我能多觉察自己5%的恐惧，______________________

当我隐藏自己的感受时，______________________________

为了能够更真实5%，_________________________________

不要为表达自己的感受而道歉，事实本身是没有错的。

——本杰明·迪斯累里

32 | 未知

我们总是会对未知的事情感到害怕。我们也总是渴望有确凿的证据来证实生命当下的意义。最让人们惧怕的是未知，它比坏消息更让人恐惧。一个不能确定的诊断，远比得知病情更让人感到不安。我们对于未知的求索从未停止，这不只是好奇心而已，实际上是一种生存的需要。如果知识就是力量，那么缺乏知识就代表无力。

对于神，有些人认为是杜撰出来的；但有了神，或多或少可以减轻人们对未知的焦虑。那些敢于对未知做出确定承诺的人，被人们加冕为王。当我们的未来在战争中遭到威胁时，我们往往会追随那些承诺给我们光明未来的领袖；当我们生病时，我们会把医生视若神明；在我们还是孩子时，我们总希望那些无所不知的大人能够缓解自己的焦虑；而等到我们父母的不完美开始显现时，他们的地位则会被神、大师或其他的高人代替。

由于我们清楚地知道，我们不了解的事还有很多，所以内心深处总是难逃焦虑。历史、考古学以及心理学，终究无法全然解释人类整体与个体的过去。那些对来世的生动描述、星座占卜、幸运饼，都无法告诉我们明天、后天到底会怎样。而当我们真正去思考时，我们甚至连当下是怎么回事都不清楚。

那么我们该怎么办？我们需要做的是接纳，甚至是庆幸，自己有时候确实不知道，而且永远无法知道。我们只有接纳未知，才能真正在它面前感到自然。只有当我们接受自己的无知时，我们才能将对未知的不适，转变为惊奇。换个视角看待这个世界，我们的生命就变成了一个正在发生的奇迹。

你敬畏什么？在何时何地你感到这个世界很神奇？

每周感恩清单

本周，我要感谢的是：……

……

……

练习

随便走走

已经过世的菲利普·斯通是积极心理学界的一名先驱，同时也是我的恩师。平时他除了和我分享他在社会科学领域渊博的知识，还十分乐意给我提供各种支持与辅导。他是我心目中好老师的榜样。

1999 年，菲利普带我去内布拉斯加州林肯市参加积极心理学第一次峰会。会议的第二天是再平常不过的 9 月的一天。天空中飘着几朵云，微风和煦，令人惬意。在上午的演讲结束后，菲利普对我说："咱们出去走走吧。"

我问他："去哪儿？"

"就是随便走走。"

那次的对话成了我一生中最重要的一课。

出去走走吧！你不需要有任何目的。只是给自己一些时间而已，放慢脚步，去享受、体验以及欣赏这个世界的美好。花一点儿时间，慢慢感受城市的节奏、乡村的平静、大海的辽阔，或者森林的广袤。从今天开始，让"随便走走"成为你的习惯之一吧。

海伦·凯勒曾经讲述过这样一个故事：一位朋友去森林漫步许久，刚刚回来，凯勒问朋友看到了什么，她的朋友回答："没什么特别的。"凯勒写道：

我很难想象，一个人居然在森林里散步一小时都没有看到任何值得注意的东西。我，一个盲人，却可以从中发现数以百计的事物：树叶那细致、优雅而又对称的排列，白桦树光滑的树皮，粗糙而毛茸茸的松树。我这个盲人可以给那些看得见的人一个提示：请像明天将不幸失明一般，去使用你的眼睛！请像明天将不幸耳聋一般，去聆听每一种声音，包括鸟儿的歌声、乐队有力的旋律！请像明天就会失去触觉一般，去抚摸每一样东西！请像明天就会失去嗅觉和味觉一般，去闻每一朵花的芬芳，品味每一口食物的滋味！请将你所有感官发挥到极限，请为能感知身边一切事物、为世界给你展现的每一丝愉悦和美丽而欢呼和赞叹！

智慧，是一种可以在平凡中看到神奇的能力。

——拉尔夫·沃尔多·爱默生

33 | 从嫉妒中学习

有一次，我提供咨询的一家公司的首席执行官提出，要举办一期领导力讲座。我马上邀请了我的一位专家朋友来协助我们，他口才极佳，而且在领导力领域有很深的功底。我们俩当时一起策划了整个讲座的内容，也分享了许多教学经验。后来，当我在台下看着他与观众口若悬河地交流，吸引了全场观众的眼球时，我忽然有点儿后悔让他来了。我当时非常嫉妒他。

我为自己产生了这样的想法而难过，连着三个晚上没睡好。我怎么可以嫉妒我的朋友？我怎么能够在明明知道所有人（包括我自己）都从他那里学到很多东西的同时，还后悔邀请他和我一起工作呢？最后，我决定告诉他我的感受，一方面是认错，另一方面是寻求他的建议。然而，他告诉我，当他在台下看我演讲时，他居然和我有同样的感受。从那一天起，在很长一段时间内，我们经常讨论彼此对于嫉妒的体验。仅仅讨论这种体验，就让我们感觉更好，相处得更舒服，关系更紧密。我们能得出的唯一的结论是，嫉妒是正常的，更进一步说，它是不可避免的。

无论我还是我的朋友，都不希望自己成为爱嫉妒的人，可是我们对此没有发言权，因为我们时常会嫉妒。但是，我们确实可以选择下一步的行动。我们面临的第一个选择是接纳还是拒绝我们的情绪反应，是压制它还是允许它存在？我们面临的第二个选择是凭冲动行事（比如停止与我们所嫉妒的人合作），还是克制冲动、理性行动（比如尽可能多地与有能力的人建立联系）？如果我们首先接纳自身的情绪，第二个选择就会变得容易得多；如果我们试图压抑负面情绪，那么它通常会变得更强烈，而且更有可能控制我们。

如果拒绝接受自己可以嫉妒朋友这个事实，我们就更有可能不善待他人，并将自己的行为合理化。如果否认自己对朋友不舒服的感受源于嫉妒，我就会开始给自己找其他理由来解释为什么我会看他不顺眼。人类是同时具有感性和理性的物种，一旦我们有某种感觉时，就必须得为它找出合理的解释。如果我当时不去分析自己情绪的真正原因，或者不承认我不想证实的感受，我就很可能会从对方的身上找毛病，为我的不舒服做出解释。为了不让自己感觉不适，我们常常把问题归咎于他人。

你在生命中何时有过嫉妒或羡慕的感觉？观察这种感觉，不要试图去改变它，而是接纳它，然后用你认为高尚的方式去行动。

....

....

每周感恩清单

本周，我要感谢的是：............

....

....

练习

防御性投射

压抑自己的想法或情绪会带来很多潜在的伤害。心理学家兰纳尔德·纽曼和同事在“防御性投射”的研究中发现，“当人们极力避免看到自身的一些缺点时，他们往往会在他人身上看到同样的缺点”。这些被我们排斥的想法和感受反而变得“习惯性可及”，我们总会在周围的人身上看见这些我们不喜欢的缺点，即使他们身上并没有这样的缺点。

写下你曾经感到嫉妒或羡慕的5个时刻，可以是上周的，也可以是很久以前的。现在，为每一个这样的时刻写下你的感受，或是直接和当事人沟通。仅仅（通过谈话或记录）意识到自己的嫉妒或羡慕，就可以将其弱化并且帮助你驾驭它。

接纳所发生的事情，是超越所有不幸结果的第一步。

——威廉·詹姆斯

34 | 倾听内心的声音

他人的话语和建议，常常可以帮助我们辨别自己生命中真正想做的事情。然而，这些话语和建议有时也会阻碍我们发现自己真正的使命。辨别使命的召唤、找到自己的天职，真不是一件容易的事情！然而，为了使我们的幸福感最大化，我们又必须清楚地知道我们真正的激情所在。无论别人说什么，我们真正想做的事情到底是什么？这种内在的动力是发展幸福感和建立健康自尊心的核心。

在生命中的哪些方面，你是真实的自己？你需要在哪些方面倾听内心的声音？

每周感恩清单

本周，我要感谢的是：

练习

匿名咒

想象一下，有人在你身上施了一个匿名咒。在你未来的人生中，没有人会在乎你所做的任何事情。你依然会每天和你的朋友们相处，但无论你做什么，他们都会认为你所做的只是再平凡不过的事，对其他人的生命没有什么影响。你可以做出伟大的事，以有意义的方式帮助他人，感动无数的人，加入社区义工行列，帮助老年人，等等，但绝不会有任何人知道这是你做的。你可以成为世上最富有的人，却无法炫耀你的任何财富。没有人会感谢你，没有人会欣赏你的工作，没有人记得你生命中的显赫或美好，没人知道你有多富有。只有你，知道你所做的一切。

请问，在这样一个世界里，你会做什么？在事业和个人生活方面，你会如何选择自己的道路？

在做完这个练习后，反思一下你的答案，与你目前的生活或想要过的生活是一致的还是相差甚远？这个练习并不是要教导你如何生活，只是要帮助你看清对于你来说真正重要的事。

在嘈杂的世界里按世界的意见生活，是容易的；在独居时按自己的意思生活，也很容易。但伟大的人，往往是那些身处嘈杂的世界中，依然保持自己完整的独立性的人。

——拉尔夫·沃尔多·爱默生

35 | 同一律

亚里士多德提出的逻辑学基本规律包括非矛盾律和同一律等，同一律强调的是所有事物就是它本身：人就是人，猫就是猫，一种情绪就是一种情绪，等等。同一律是逻辑学与数学的基础，进一步来说，它还是具有一致性与意义性的哲学的基础。亚里士多德认为，在一个没有非矛盾律和同一律的世界里，人们将“绝对无法证实任何事情，每一个求证的过程都将无止境地持续，任何结果无论如何都无法被证实”。如果我们不接受所有事物就是其本身，我们甚至无法就一个词的意思是什么达成共识。正是因为我们在潜意识里已经接受了同一律，我们才能够彼此沟通与相互理解。

同一律指的是认识到事物本身及其所暗含的一切含义。换句话说，事物本身作为固有的事实存在着，不管一个人还是全地球的人希望它是什么，都无法改变事物固有的事实。亚伯拉罕·林肯曾问：“如果你把狗尾巴也称作一条腿，那么狗一共有多少条腿？”他的答案是什么呢？“还是四条。因为，虽然把狗尾巴称作一条腿，但是并不代表它就是一条腿。”同一律看起来也许显而易见，但它与我们的生活息息相关。我们所有人，不光是哲学家，都必须接受这个定律的含义：没有认识到事物即本身，并且没有按照这个认识去行事，会导致可怕的后果。比如，一个人如果不把一辆卡车当作卡车，而是把它当成一朵花，当他在马路上行走时，就可能置身危险之中。与此类似，如果有人把氰化物（有毒）当成食物（无毒），那么他极有可能死亡。

当然，绝大多数人在面对卡车或毒药这些有形物质时都很容易遵循同一律，可是大部分人在面对自身情绪的时候很难做到这一点，特别是在那些令人讨厌的情绪威胁到我们的自我感受时。如果看起来很勇敢对我来说非常重要，我可能就很难接受自己有时会感到害怕；如果我认为自己是一个大气潇洒的人，我可能就难以接受自己的嫉妒心。但如果我想享有真正的心理健康，我就必须先接纳自己所有的感受。我必须尊重事实。

回想一下你或某个人不尊重事实，或者无视同一律的经历。当时的后果是什么？

……

……

每周感恩清单

本周，我要感谢的是：……

……

……

练习

冥想

阿兰·威尔逊·瓦兹是一位将禅学引入西方的哲学家，

他曾经写道："禅宗大师们与普通人最大的差别，就是后者以各种方式与自己的人性抗争。"换句话说，禅宗大师们不与天性对抗，而是允许自己全然为人。禅宗宗旨与日常生活中的同一律有许多相同之处。你可以按照下面的方法练习冥想，在冥想中允许自己全然为人，同时将同一律铭记于心。

舒适地坐在椅子上，或是按你的喜好躺下。你如果坐着，就将双脚平放在地上，舒服地放松。闭上眼睛，将注意力集中到你的呼吸上。深深地吸气，吸入腹部，然后呼气。持续吸气，呼气，温柔、平静、缓慢地重复。

现在，将你的注意力集中到你的情绪和感觉上。无论你当下的感受是什么，平静、幸福、焦虑、迷茫、无聊，都将你的注意力转到情绪和感觉上，观察它们。保持深呼吸，深深地吸气，吸入腹部，然后呼气。无论什么情绪出现，都让它自然地流经你的身体。

给自己一个空间，允许自己全然为人。现在，想象自己离开了你所坐的地方，出门，去大街上，去你的公司，或者去其他地方。用你头脑中的眼睛，“看”到你自己在走路，允许自己全然为人，给自己自由去体会任何情绪，无论是恐惧还是焦虑，无论是幸福还是喜悦。生命变得越来越轻松，越来越简单，与其试图与天性对抗，不如接纳自己本来的样子，接纳我们是谁。慢慢地回到深呼吸上，允许各种情绪自由地流经自己的身体。在下一次深深地呼气时，缓缓地、平静地睁开你的双眼。

只有顺从自然，才能驾驭自然。

——弗朗西斯·培根

36 | 自我悦纳

想象一种全然悦纳的生活。想象你花了一整年的时间在一所学校里阅读、写作、学习，不用担心期末的成绩单，全然接受成功或失败，把它们当成成长或学习过程中自然而然的一部分。想象身处一种不用因不完美而戴上面具的亲密关系中。想象清晨起床后，去拥抱镜子里那个人。

然而，全然悦纳并不是医治完美主义的灵丹妙药，期盼接纳带来奇迹只会让你更不快乐。通过接纳来寻求更幸福的生活，我们只会不可避免地经历许多混乱。人们总是在努力寻找像人间天堂或世外桃源那样的完美境界，而当找不到时，人们便会感到失望与幻灭。同样，我们盼望能够完全地悦纳自我并因此获得完美的宁静，这确实也是一种幻想。毕竟，有谁能够永远维持像蒙娜丽莎一样的微笑呢？

为什么不让自己活得轻松一点儿呢？接纳失败与成功，本来就是充实、美满的生命的一部分。同时，让自己去体验恐惧、嫉妒、愤怒，有时还要接纳自己的不接纳，让自己成为一个自然、简单、完整的人。

你是否能回想起某个时刻，你可以完全接纳你自己和你的情绪？为什么会有那种感受？你能再度像那样自我悦纳吗？

....

....

每周感恩清单

本周，我要感谢的是：..

....

....

练习

完形练习

在另外一张纸上，为下面每一个不完整的句子写下至少 6 个不同的结论，以你最快的速度写下来，无须分析或考虑太多。在你完成句子后，回顾、反思，然后写下你承诺采取的行动。在接下来的一周之内，试着每天都完成至少 4 个句子。

如果我允许自己全然为人，______

当我抗拒自己的情绪时，______

如果我能把自己完美主义者的态度减少 5%，______

如果我能更真实 5%，______

如果我能成为一个最优主义者，______

如果我欣赏自己成就的程度增加5%，________________

如果我愿意接纳失败，________________

我害怕，________________

我希望，________________

我开始发现，________________

改变的第一步是觉察，第二步是接纳。

——纳撒尼尔·布兰登

37 | 成就可期

埃伦·兰格教授把学生分成两组，让他们评估一些取得了很大成就的科学家的智商。第一组学生在评估之前，没有被告知这些科学家是如何取得成功的。这组学生对于那些科学家智商的评价非常高，同时也认为这样的成就是高不可攀的。第二组学生评估的是同一批有同样成就的科学家，但他们同时还被告知，那些科学家走向成功的过程，包含各种挑战、错误，以及科研路上的徘徊和艰辛，等等。这组学生对那些科学家智商的评价也很高，这一点和第一组的学生一样。但与第一组学生不同的是，第二组学生认为那些科学家的成就是自己有可能达成的。

当第一组学生只看到那些科学家的成就时，他们陷入了完美主义者的思维模式，只看到了事实的一部分，也就是结局；但第二组学生不仅看到了那些科学家的成就，还了解了他们努力的过程，学生们进入了最优主义者的思维模式，他们看到了全部事实，即过程和结局。

无须多说，大家都知道所有的成就都是一步一步得来的。对科学家而言，他们从事研究许多年，忍受了太多失败、挣扎，经历了大起大落，才走到“功成名就”那一天。在音乐世界里，那些所谓“一夜成名”的明星，实际都经历了日复一日、年复一年漫长而艰辛的努力，才迎来那个“闪耀之夜”。可是，当我们只看最终结果时，我们往往很容易忽略为了成功而投入的精力和时间，这让那些成就看起来遥不可及，似乎是只有“超人”和“天才”才能做出的成就。正如兰格所说：“通过深入调研他人如何获得成就，我们更可能看到这些成就来之不易，并且将自己的成功视为可能……虽然高度看似难以企及，但我们可以想象自己一步一步登顶。”

回想自己的一个成就。回顾自己是怎样达到这个成就的，过程中经历了哪些起伏与波折、挣扎与艰辛。

....

....

每周感恩清单

本周，我要感谢的是：..

....

....

练习

面对现实

写下一个你在意的、曾经认为可能实现不了的目标。描述一下你将怎样实现这个目标。在你的故事里，请描述你走向成功之路的一系列步骤，你将面临的障碍与挑战，以及你将如何战胜与克服它们。思考你可能会跌倒和失败的地方，以及你要如何再次站起来。最后，写下最终你会如何到达目的地。将这个故事写得越生动越好，就像撰写一个冒险故事。对于许多你想实现的目标，你都可以重复这个练习。

天才是1%的灵感加上99%的汗水。

——托马斯·爱迪生

38 | 亲密关系：美丽的敌人

19 世纪的英国哲学家约翰·斯图尔特·穆勒在他的革命性著作《妇女的屈从地位》中呼吁女性解放。他强调，“现存的维系两性社会关系的原则，一种性别顺服另一种性别，是错误的，是现在阻碍人类进步的主要障碍之一”。只有在男女平等的时候，他们才能“难得地享受彼此的欣赏和支持，以及在成长中带领与被带领的快乐”。在健康的亲密关系里，男人和女人，在不同的时间段里，交替带领和帮助对方发展和成长。

带领与被带领的观念不仅仅可以应用在男女关系里，对于任何形式的亲密关系都是有益的。拉尔夫·沃尔多·爱默生在他的散文《论友谊》里提出，反对的声音正是友谊不可或缺的前提条件。爱默生写道，他对朋友的期望不是“一味妥协”或“百依百顺”，换句话说，他不希望朋友是一个对他的每一件事都表示认可的人。他想要的朋友，是一个“美丽的敌人，不人云亦云，让人真心尊重”。

那些从不反对或挑战我而只想维持“美好”的形象和局面、无条件支持我所有说法与做法的朋友，是无法帮助我进步和成长的；而那些质疑我的一言一行、但并非出于爱心和关怀的人，则是充满敌意的、尖刻的。一个真正的朋友，应该是一个爱我的敌人。一个美丽的敌人，会挑战我的行为和言语，但同时无条件地接纳我这个人本身。一个美丽的敌人，因为足够尊重和爱我，所以会去质疑我的想法和行为；同时，无论怎样反对我的言行，这个美丽的敌人都不会改变对我这个人本身的关怀。

谁是你生命中美丽的敌人？他们用怎样的方式帮助你？你要怎样才能成为别人生命中美丽的敌人？

每周感恩清单

本周，我要感谢的是：..

....

....

练习

化解冲突

回想你和他人之间或大或小的冲突。将它们写下来，重新梳理，问问自己，对于你和他人的终极财富——幸福感，哪些冲突是有贡献的，哪些冲突带来了损失？详细阐述还有哪些可能的解决方法，可以将你、其他人或团队的总体幸福水平最大化。

原谅或放下是否就是最好的解决方式？有些冲突已经使

我们付出了极大的代价，而长期揪住不放则会更大程度地影响我们的幸福感。并不是所有的冲突通过这个简单的练习就能被解决，要是真这么简单就好了！然而，确实有许多人对于与家人、朋友或是整个团队的冲突难以释怀，这往往没有必要，而且只会让所有受牵连的人都付出高昂的代价。

比如，就算我的朋友曾经对不起我，我为此恨他一辈子又是否值得呢？这样做会使我或他更快乐吗？我是否应该好好去面对这个问题，承认自己的伤痛？这段友谊或许依然是幸福的来源，我是否应该尽可能地恢复它？

那些与我们搏斗的人，强化了我们的神经，磨炼了我们的技巧。我们的对手也是我们的助手。

——埃德蒙·柏克

39 | 固定型思维与成长型思维

用心理学家卡罗尔·德韦克的话来说，固定型思维认为人的能力，包括智商、体能、个性以及人际关系等，都是固定的，并且是无法改变的。我们要么是很有才华、很有天赋的人，在学校、工作、体育项目以及我们的亲密关系中都非常成功，要么是非常无能的人，并且注定失败到老。与其相对，成长型思维相信人的各种能力都是可塑造的，它们不但可以改变，而且也会在我们的一生中持续改变；我们生来就具有一些能力，但它们只是让我们有资格站在起跑线上而已，在追求成功的道路上，我们需要经常磨炼自己，而且要投入许多时间，付出很多努力。

在一个针对五年级学生的创新研究中，德韦克发现，通过短短的一句话，她就能够使学生用固定型或成长型的思维方式思考。她经常看到，那些虽不聪明但因为努力而被赞美的学生，不但表现得更好，而且更快乐。她的发现既令人感到不安（因为简单的一句话就能对孩子产生那么大的影响），同时又给了我们极大的鼓励（因为我们发现，我们可以如此轻易地对孩子产生明显的、积极的影响）。我们要去赞美孩子的努力（可控的因素），而不是赞美他们的聪明（不可控的因素）。

回想一种你通过付出时间与努力而获得的能力或技巧，可以是打网球的技能、演讲技巧、勇气、同情心等。在提升这些能力与技巧的过程中，你都付出了什么样的努力？

每周感恩清单

本周，我要感谢的是：

练习

转变为成长型思维

我们都清楚自己的能力与限度。某些想法（比如数学不好、易被冒犯，或者不具有决策能力等）会很容易在我们的幼年时期成形，一旦它们成为我们对自身根深蒂固的认知，我们就很难再摆脱它们了。

回想一下你早期的经历，你是否曾因别人告诉你的事或你告诉自己的事而对自己的能力感到失望？写下5件你曾经在某个时刻决定放弃的事，无论是当众演讲、体育，还是做饭。如果你还记得原因，就写下当时那个促使你做决定的原因。这些原因是否理性？目前，哪些事情是你愿意去改变、去做得更好、去努力或者去改进的？

你选择接受什么样的信息，遵照什么样的信息行事，你就是什么样的人。要改变你的现状，你就要先改变你的思维模式和行为方式。

——阿德林・辛克莱

40 | 在赞美声中长大的一代

去年在澳大利亚时，我在电台里听到了一些企业的领导对新一代大学毕业生的抱怨。他们说，这些既聪明又受过高等教育的20多岁的年轻人在进入工作岗位后居然仍然需要大量的赞美和溺爱。每当他们遭到批评时，他们不但很容易不高兴，还往往会以辞职的方式结束手中的工作。实际上，这不仅仅是澳大利亚的问题，许多美国以及其他西方国家的管理者也遇到了类似的情况。而对于那些经历过艰难困苦的老一辈人来说，这些既软弱又被宠坏的新人代表着麻烦。

卡罗尔·德韦克称这些新人为“在赞美声中长大的一代”。原本用意很好的家长与老师培养出了这些新人，他们的本意是通过经常性的、无条件的赞美来强化孩子的自我，增强孩子的自尊心，同时，避免任何形式的批评，因为批评有可能会伤害孩子的自我。但他们得到的结果往往与预期相反：这些孩子不但没有成为高度自尊的人，反倒成了一群没有安全感并且被宠坏的人。用德韦克的话来说，就是“我们新一代的社会支柱几乎都是一些需要被安慰，并且无法接受批评的人。这可不是好现象，因为在人走向成功的过程中，接受挑战、坚持、知错就改本来就是不可缺少的要素”。

你是如何赞美大人和小孩的？你赞美时强调的是努力及其过程吗？你自己或你的孩子是否遇到过将你们引领到正确道路上的老师？

....

....

每周感恩清单

本周，我要感谢的是：..

练习

我最好的老师

讲一讲你生命中最好的老师，可以是你的父母、一年级的老师、大学时期的教授，也可以是一个在你的职业生涯中大力培养你的老板。这位老师为什么能够激发出你最好的一面？而在未来教育自己或别人的孩子时，你可以从那位老师身上借鉴的是什么？

现在想象一下在你生命中的各个领域里，作为一名老师，你将如何引领自己或他人的成长？你如何将你从某位老师那儿学到的东西应用到工作中、家中或其他领域中？你也可以重复这个练习，换一位老师，然后将他或她与前一位老师做对比。他们之间的相同点以及不同点有哪些？为了做一位好老师，你还可以学习哪些技巧？

对一个人最大的诅咒，莫过于诅咒他在完全不用努力的情况下就可以获得想得到的一切，让他永远不知道什么叫奋斗、渴求，甚至是盼望。

——塞缪尔·斯迈尔斯

41 | 做决定

詹姆斯·伯克在1989年退休之前，曾在强生公司担任首席执行官，任期超过13年。在职业生涯初期，他从罗伯特·伍德·强生二世（也被称为强生将军）身上学到了有关在失败中学习的重要一课。当时伯克推出了一种新产品，但很不幸，这个产品后来惨遭滑铁卢，当时的董事长强生将军为了这件事曾找他谈话。伯克当时认定自己要被炒鱿鱼了，但是强生将军在见面后却伸出手，并且说道：

> 我首先要向你表示祝贺，因为从事商业活动就代表要做出许许多多的决策，当你不做任何决策时，你自然不会犯任何错误，而鼓励下属去做决策也正是我最难的工作之一。但

是如果你再犯同样的错误，那么我肯定要炒你鱿鱼。至于其他方面的问题，我不会怪你，因为你慢慢会了解，成功之前的失败是必不可少的。

“成长的过程中是少不了风险的，所有成功的公司都经历过许多挫折。”这个理念一直到伯克做了首席执行官之后也没有改变。其实，在加入强生集团之前，伯克就已经在三家公司积累了失败的经验。他不仅勇于将自己的失败公开，还没有隐藏他和强生将军的故事，向所有员工传达了极为重要的信息。

回想你曾经工作过的或你非常了解的公司所犯的错误。大家从那个错误中学到了什么？人们还能够学到什么？你是否认识愿意创造有利于大家从失败中学习的环境的老板？这样的老板都做了些什么？

每周感恩清单

本周，我要感谢的是：..

....

....

练 习

从错误中学习

我们一般会自然地回避那些有风险的决策。但历史却一次又一次地向我们证实，那些最成功的人在胜利前都经历了一次又一次的失败。

无论是建立家庭还是打造企业，思考一下你的现状。写下你在过去这一年里由于决策错误所犯下的 3 个最大的错误。接下来，在每个错误后面写下你从中学到的或者领悟到的东西。最后，将这些字条放在你很容易看见的地方，定期重读，提醒自己，因为犯错是学习的最好机会。

如果你想成功一次，就先失败两次。

——托马斯·J. 沃森

42 | 心理安全

现任哈佛商学院教授的埃米·埃德蒙森在攻读博士学位时曾经和著名的组织行为学学者理查德·哈克曼教授一起工作。埃德蒙森想要通过研究证明，那些符合哈克曼教授提出的高效团队合作的条件（如有明确的目标和合适的资源）的医务工作人员，更不容易犯工作上的错误。

但奇怪的是，埃德蒙森却得到了相反的结论。那些符合哈克曼提出的条件的小组反而犯了更多的错误，并且这个结论也和数十年来的研究产生了矛盾。到底发生了什么？怎么会这样？后来她终于发现了原因，其实并不是那些优秀的工作人员犯了更多的错误，而是他们报告了更多的错误。

埃德蒙森后来又回到医院去验证她调整后的假设，果然发现，那些符合条件的小组真的会少犯很多错误。正是因为那些不符合条件的小组之前都在隐瞒自己的错误，所以才会造成数据上的错觉。后来埃德蒙森还发现，这些不符合条件的小组之前只在那些无法隐瞒的错误（比如病人死亡）上给出了真实的数据。

埃德蒙森的研究将“学习接受失败以及从失败中学习”的理念从个体研究领域扩大到了团队与企业领域。在一个快速变化的世界里，个人提升和组织学习对于提高自身的竞争力至关重要，不敢承认错误只会导致未来更多的失败。埃德蒙森发现优秀的团队一般都会给成员提供一个让人有心理安全感的环境，也就是说，当团队中任何人表达自己的态度、向人求助、在工作中犯了错误时，绝不会受到耻笑或惩罚。只有领导创造了一个让人有心理安全感的环境，员工才不会害怕失败，而是会分享自己的错误，也只有在这样的环境中，员工才能真正地学习与进步。相反，当错误被隐瞒时，员工不但会失去学习的机会，还会重蹈覆辙。

回想一个曾经让你有心理安全感的地方。它可以在你现在或过去的办公室中、有父母陪伴的家中或有某位老师陪伴的某个教室里。你在那里时的状态是怎样的？你在那里时的状态和在其他让你没有心理安全感的地方时的状态有怎样的差别？

......

......

每周感恩清单

本周，我要感谢的是：......

......

......

练习

打造一个安全的环境

你是否为周围的人，如孩子、员工、朋友或伴侣，提供了一个让他们有心理安全感的环境？虽然我们经常会将人们的行为和他们的个性联系起来，但人们的行为往往只是他们在所处的环境中的一种反应。比如，同一个孩子在不同的环境中的表现会有极大的差别。

在你的人生中，真正能激发你潜能的事是什么？现在，写下你觉得打造一个健康的、能让你周围人展现出最好的一面的环境所需要的条件。

如果自由不包含犯错的权利，自由就没有争取的价值。

——圣雄甘地

43 | 卧室之内

戴维·施纳屈在婚姻辅导和性问题治疗的研究上都有革命性的突破，他指出，性生活会随着年龄增长而越来越好。用施纳屈的话来说，就是“脂肪团与性潜能有着高度的相关性”。他还说，我们性生活的巅峰时期会出现在 50~60 岁，而且与长期伴侣的性生活总是比与新认识的人的性生活更好。这种新颖的说法，极大地挑战了传统智慧。毕竟，24 岁的人性欲总是要比 64 岁的人旺盛，同时，在面对某个性感的陌生人时，我们在身体上的反应也比面对已经一起生活了 30 多年的爱人时更大。但有趣的是，施纳屈指出，和谐的性生活并非只有生理与身体上的反应，和谐的性生活在身体之外其实还和我们的心灵与思想息息相关。

施纳屈也将“生殖巅峰期”（生殖系统最成熟的时期）与“性

生活巅峰期”(人的性爱和感情都成熟的时期)作了对比，当说到性生活巅峰期的时候，他认为年纪越大越好：“如果你想要追求的是性爱加上亲密度，那么16岁的人是无法与60岁的人相比的。只有越来越成熟，性生活与亲密度才有可能达到一定的高度。”

由于人类的身体功能在到了一定的年纪后会开始慢慢衰退，有些25岁的身体能做到的事，50岁的身体可能就无法做到了。那些把性爱当作单纯的身体行为，而不是身心合一的行为的人很容易陷入消退型的思维模式。成长型思维认为性生活会随着年纪越变越好，固定型思维认为性生活是永远不会变的，而消退型思维认为性生活会随着年龄增长而越变越差。消退型思维在抹杀了性生活中的喜悦的同时，还会成为一种自证预言：性生活真的会越变越差。

你需要做些什么才能够将更多的快乐带入卧室？你需要放下的又是什么？

....

....

每周感恩清单

本周，我要感谢的是：..

....

....

练习

从健康的亲密关系中学习

去采访两个有着健康的亲密关系的人（他们可以是一对儿，也可以分别是两对儿伴侣中的两个人）。你要谨记两点：第一，这世上并没有完美的亲密关系；第二，你在他们身上要寻找的是你可以学习的部分。采访的时长可以是15分钟，也可以是1小时。以下是一些我建议你去问的问题：健康的亲密关系的要诀是什么？亲密关系是如何帮助你成长的？你是怎么应对冲突的？在你的亲密关系中，哪些做法是有益的？在培养健康的亲密关系上，你的建议是什么？

写下你从这些采访中学到的东西，然后写下你对于如何建立一个健康的、长期的亲密关系的想法和感受。

世上没有什么东西能比一份亲近、相互滋养、平等、亲密、长久的关系更能带来幸福感了。

——戴维·迈尔斯

44 | “足够好就行”

20 多岁时，我是一个典型的完美主义者，当时我想要得到一切，而且也真的认为自己可以得到。那时，我每天都非常努力地工作，偶尔有一些社交活动，虽然工作和生活并不平衡，但是我感到很满足。然后我结婚了，随后有了孩子，我的生活节奏突然加快了很多。由于许多生活中的事的优先级发生了变化，我忽然感觉到时间完全不够用。当时，无论是在工作中还是在家庭中，我都产生了极大的挫败感。有好多需要我去完成和经历的事情，但无论我在工作上如何努力、无论我与家人相处的时间有多么长，我依旧会觉得自己做得不够。

后来我反思了自己的整体状况，发现自己的生命中有 5 个最重要的方面：做个好父亲、亲密关系、事业、友谊，以及个人健康。这 5 个方面并没有涵盖我在生命中关注的所有事，但它们包括了对我来说最重要，而且也是我最需要花时间去关注的事。

后来，我改变了自己的生活方式，与其什么都去做，不如问自己，我要怎么做才能在那 5 个对我来说最重要的方面做得足够好？在一个完美的世界里，我每天都应该花 12 个小时工作；可是在真实的世界里，虽然我可能会失去一些事业上的机会，但朝九晚五对我来说就已经足够好了。在一个完美的世界里，我应该每周 6 天，每次至少花 180 分钟去练瑜伽或其他项目；而在真实的世界里，每周两次 60 分钟的瑜伽课程，加上每周三次 30 分钟的慢跑其实已经足够好了。与此情况相同，每周和妻子约会一次，每周与朋友聚会一次，以及将剩下的时间用在和妻子、孩子在家中的相处上，这和我完美的计划相差甚远，但现实就是现实，我只能够做这么多。而这对我来说，其实已经是最好的解决方案了，因为我必须考虑生活中的种种需求与限制。

用这种“足够好就行”的方式生活以后，我的生命忽然轻松了许多。当我调整了自己的期望时，那些挫败感消失了，替代它们的是一种全新的满足感。更值得一提的是，我的精力和专注力居然都出人意料地变得更好了。

生命中对你最重要的事有哪些？你感觉你可以用“足够好就行”的方式来完成它们吗？

……………………………………………………………………………………

……………………………………………………………………………………

每周感恩清单

本周，我要感谢的是：……………………………………………………

……………………………………………………………………………………

……………………………………………………………………………………

练习

足够好就行

将你生命中最重要的事写在一张表里，它们可以包括事业、家庭、爱情、朋友、健康、旅游、爱好、艺术或其他事情。首先，写下你想要做的事情以及你想要在它们上面花的时间。然后，分辨出哪些是你可以放弃的，哪些是必须保留的。接着，将必须保留的事写在你的“足够好就行”表格中。比如，在工作上，你每周理想的工作时间可能是 80 小时，但由于种种限制和其他需求，这可能不太现实，而“足够好就行”模式则可能只需要你每周工作 50 小时。在友谊上，每天下班后和朋友聚一聚会让你感觉不错，而“足够好就行”模式可能是每周聚会两次。在一个完美的世界里，你可能会希望每个月都打 15 次高尔夫，但在真实的世界里，每个月 3 次就很不错了。

表44-1 理想状态与“足够好就行”

领域	理想状态	足够好就行
工作	每周 80 小时	每周 50 小时
朋友	每天都聚会	每周两次聚会
高尔夫	每两天打一次	每个月打三次

在计划开始之后，记得偶尔回顾一下自己的表格。看看自己是不是做得太多了？或做得太少了？生活出现了什么样的改变？所做出的妥协是否让自己感到不快乐？是否有可以调整并且需要调整的方面？有几点要谨记：第一，要找出最佳的平衡点，这是没有任何捷径的；第二，我们的需求和渴望也会随着时间的推移而改变，所以我们一定要灵活地做出合适的调整；第三，在关注自己内心需求与渴望的同时，也要考虑种种外在限制。

我们怎样度过一天，就怎样度过一生。

——安妮·迪拉德

45 | 财富与幸福感

诺贝尔经济学奖得主丹尼尔·卡尼曼在过去的几年中开始将他的注意力转移到幸福这个话题上。在研究中，卡尼曼和他的同事发现，财富与幸福感之间几乎没什么关系。他们的研究结果甚至在《科学》杂志上刊登了出来：

> 相信高收入就能够带来幸福的看法虽然很普遍，但很大程度上是人们的想象。收入较高的人群虽然在整体上要对生活更满意一些，但是单单从幸福感来说，他们和其他人都是差不多的。同时，高收入人群的心理状态甚至会比其他人更紧张，他们一般不是很愿意把时间花在“幸福感高的事上”。另外，收入对生活满意度的影响似乎只是短暂的。专家们认

为，大部分人之所以会将收入和幸福感捆绑在一起，正是因为大环境的影响。

让人惊讶的是，有些人在致富之后，心理压力反而比之前还大。忙碌奔波的人总是认为自己的行为能够带来日后的利益，所以他们通常会不顾一切地压制当下所有的负面情绪。但是，他们一旦到达终点，并且发现原来物质上的满足无法使他们幸福，就容易崩溃。这时他们会因为看不见前方的道路，以及任何能够带来幸福感的事情，而感到无助与绝望。

在做决定和判断时，我们总是很容易因为物质上的东西更好统计、衡量和评估而认为其重要性远远超越自己心灵上的需要。我们常犯的一个错误是过度珍惜那些可衡量的事物，比如物质上的财富和声望，而严重忽略那些不可衡量的事物，比如情感与意义。

对于金钱和名誉的关注是否影响了你的幸福感？它们是如何影响你的幸福感的？你打算怎样改变这种状况？

每周感恩清单

本周，我要感谢的是：

练习

幸福列表

花一些时间想想看什么事能使你更快乐。接下来列出可以（或可能）带给你幸福感的、你每周都能做的5件事情。你在这些事情上是否投入了足够的时间？如果可能，尽量花更多的时间做这些事，为未来做个计划表，或者调整你原有的行程，不要忘记，在幸福感上的投资是永远不会亏本的。

做好列表后，预估一下每件事情在每周需要花费的时间。你发现了吗？许多对你有价值的事情其实唯一需要花费的只是时间而已。将这张列表放在一个你容易看见的地方，比如冰箱上或者卫生间的镜子前，以此不断提醒自己真正重要的是什么。这张列表同时也能提醒你幸福是唾手可得的。虽然财富可以带来安全感，但全世界的钱加起来有时候也未必能买到幸福。最后，我建议你每年重复至少一次这个练习。

钞票之所以值钱，是因为我们生活在一个高估金钱的世界里。

——H.L. 门肯

46 | 自我和谐的目标

出于深刻的个人信念和/或强烈的兴趣而追求的目标，被称为自我和谐目标。用心理学家肯农·谢尔登和安德鲁·埃利奥特的话来说，这些目标“与自我相结合”,“直接来自自我选择”。通常来说，要实现自我和谐的目标，人们必须感到是自己选择了这些目标，而不是别人将目标强加给了他们。这些目标源于表达自我的渴望，努力实现它们并不是为了给别人留下深刻的印象。

关于这个领域的研究显示，我们从外界利益（社会地位、银行存款等）中获得的意义和从内在世界（个人成长、人际关系等）中获得的意义之间有着本质上的不同。比如，由于外界的影响，经济上的目标通常不一定是自我和谐的目标。

虽然分辨与追求自我和谐的目标有许多好处，但这并不容易。可是我们仍然必须先分辨出自己在生命中到底要做什么，然后才能有勇气真实地面对自己的需求。

你的自我和谐的目标有哪些？是否有任何外部因素或内部因素正在阻挡你追求它们的脚步？

....

....

每周感恩清单

本周，我要感谢的是：..

....

....

练习

设定自我和谐的目标

那些清楚并且追求自我和谐目标的人，既会更成功，又会更快乐。问问自己，在你生活的每一个重要领域中，比如在亲密关系或工作中，你真正想要做的事是什么。对于每个领域你的答案都要涵盖以下内容：

长期目标。这些是很具体的目标，有清晰的时间规划，从 1 年到 30 年不等。这些也应该是有挑战性的目标，能够激发出你的潜能。要记得，无论是否能完成这些目标，你在过程中都能产生持续的幸福感。目标最大的意义是帮助我们享受当下。

短期目标。为了实现长期目标，你可以将它们分解为容易实现的小目标。你在未来的一年、一个月、一天里要怎么做才能更好地完成它们?

行动计划。在你的记事本里写下自己详细的行动计划，比如每周以及每天的行动细节（最好能够养成习惯）、一次性的任务等。

如果不为自己设定清楚的目标,我们就很容易受到外界的影响,外界力量很少会让我们做出自我和谐的行动。我们要在被动地迎合外界要求和主动创造自己的生活之间做出选择。

幸福感更多地来自参与有价值的活动和追求个人目标的过程，而不是被动地体验美好的经历。

——戴维·迈尔斯，埃德·迪纳

47 | 发现我们的使命

心理学家亚伯拉罕·马斯洛曾经写道："人生中最美好、最幸运的经历，就是能够在财务自由的情况下做自己喜欢做的事情。"但在追求幸福的过程中，我们通常很难找到符合亚伯拉罕·马斯洛描述的这类工作。关于人与工作的关系的研究可能会对此有所帮助。

心理学家埃米·瑞斯尼斯基与同事在研究中发现，人们对工作的看法大致可以分为 3 种：差事、事业、使命。大多数人把工作视为差事，他们关注的是工作带来的金钱回报，而不是满足感。这些人早上去上班是因为不得不去，而不是因为想去工作。对于工作，除了发薪水，他们只盼着周五和假期赶快来临。

对于那些将工作视为事业的人来说，他们的动力往往来自外界因素，比如金钱、各种晋升机会、权力、声望等。他们总会将注意力放在下一次升职的机会上，从副教授到教授、从教师到校长、从副总统到总统，或者从助理编辑到总编辑，他们关注的是如何爬到金字塔更高的地方。

对于那些将工作视为使命的人来说，工作本身就能带来幸福。当然，薪水和晋升机会都很重要，他们最终之所以会选择这份工作，是因为他们想要这么做，而不是不得不这么做。这些人的动力是内在的，他们工作的目标是自我和谐。这些人对工作有热情，而且能从中获得满足感。因此，他们不会觉得工作是一份苦差事，反而会因为从事这份工作而感到十分荣幸。

你觉得你的工作是差事、事业，还是使命？之前的工作呢？

每周感恩清单

本周，我要感谢的是：

练习

三道题

回答以下 3 个问题，然后找出答案中重叠的部分。

（1）什么对我来说是有意义的事情？换句话说，什么事能带给我使命感？

（2）什么对我来说是快乐的事情？换句话说，哪些是我喜欢做的事情？

（3）我的优势是什么？换句话说，我擅长什么？

回答这些问题可以帮助你确定自己的大方向（你人生的使命）以及生活的小细节（你希望你的日常生活是怎样的）。虽然这两个方面是有关联的，但大方向的改变，比如换工作或走出自己的安全区，往往很有挑战性，而且需要勇气。至于生活细节的改变，比如每周腾出两个小时来做自己喜欢做的事情，则轻松得多，并且很可能会大大提升幸福感。

体验从工作中奔涌而出的喜悦。

——亨利·沃兹沃思·朗费罗

48 | 助推幸福

大部分的人都会经历所谓的“幸福荒芜”时期。我很少遇见喜欢考试那段时期的学生。另外，即使工作再好，有时候一些项目也会让人提不起劲儿。无论是出于需求还是出于选择，我们大部分人都会或多或少经历一些十分乏味的时期。幸运的是，这并不代表我们在这些特殊的时期就一定得活得不幸福。

有意义的、快乐的活动就像暗室里的蜡烛，点燃一两根就能照亮整个屋子。在无精打采的时期，一两件快乐的事情就可以改变我们的整体状态。我将这些短暂但能带来改变的经历称为幸福助推器，这些经历短则几分钟，长则几小时，可以带来意义与快乐，带来当下与未来的利益。

你的幸福助推器是什么？

……………………………………………………

……………………………………………………

每周感恩清单

本周，我要感谢的是：……………………………………

……………………………………………………

……………………………………………………

练习

助推幸福

列一张幸福助推器的表格。内容可以是你原先经常做的事（与家人和朋友相聚，读自己喜欢读的书，等等），也可以是探索性的事情（比如每周在学校做一次义工）。记得要把这些事写在日常计划中，并且将它们培养成习惯。

尽你最大的努力，用喜悦与热情的经历和时刻将你的生命填满，从一件事情开始，然后不断扩展。

——马西娅·韦克斯勒

49 | 幸福的深度

幸福的深度就像树根，无时无刻不在为我们的幸福提供养分。幸福的高度就像树叶，美丽、让人渴望得到，却短暂、易变，会随着季节而枯萎。许多哲学家与心理学家一直想要了解的一个问题，就是幸福的深度是否可以改变，我们的幸福水平是否只会在一个固定的范围内变化起伏。

虽然基因对幸福感有一定的影响（有些人天生就比其他人更容易感到幸福），可是基因只能决定我们在追求幸福这条道路上的起点，不能决定终点。天性暴躁的人也许无法像天生就快乐的人那样看待生命，爱抱怨的人或许不可能转变成一个乐观的人，但无论你是谁，你都可以变得比原来快乐得多。同时，大部分人在充分发挥自己追求幸福的潜力这方面都做得很不好。

在一篇关于幸福感的文献中，索尼娅·柳博米尔斯基、肯农·谢尔登以及戴维·施卡德证实了人们的幸福感是由3个主要因素决定的，分别是“由基因决定的幸福初始值、与幸福有关的环境因素，以及与幸福有关的行动”。虽然我们对于基因没有决定权，对外部环境通常也没有什么影响力，但我们对自己的行动却有着非常大的控制权。根据柳博米尔斯基等人的研究，这第三种因素“最有利于我们持续提升幸福感”。在追求意义与快乐时，人们的幸福感总是会大大提升。

追求幸福本来就应该是一个永无止境的、活跃的、持续的过程。我们生命中所能获得的幸福感是没有任何上限的。当我们在工作、教育以及亲密关系中追求既有意义又能带来快乐的事情时，我们就可以持续地变得更幸福。我们所经历的，就不再是短暂的兴奋，而是一种够深、够稳，并且能够持久的幸福感。

在你的生命中，哪些人或者经历曾经让你感到长时间的幸福？

每周感恩清单

本周，我要感谢的是：..

....

....

练习

欣赏式探询

20 世纪 80 年代，戴维·库柏里德和同事曾经开发了一种很简单却非常有革命性的方法，它帮助了许多个人与团体更好地学习和成长。欣赏式探询并不像大多数干预项目和咨询师那样，关注那些不起作用的东西，它关注并强调有效的东西。欣赏就是认识到某些事物的价值，并且增加其价值。欣赏积极的事物不但会使我们感到快乐，还能使这些积极的事物被放大。我们需要做的是，用过去的经历激起当下的热情，从而开创一个更加美好的未来。

你可以和某个同伴或小组一起做这个练习（自己用写日记的方式也可以）。大家要轮流分享哪些事在过去曾经使自己感到快乐，它们可以是 10 年前、上个月或当天早上发生的事。这些事可以是一次聚餐、一个和家人相处的夜晚、一个工作计划，或者一场音乐会。具体是什么让你感到快乐？是你和他人的关系吗？是因为它们有挑战性吗？是你在某些时刻的惊奇感吗？

现在去想一个你很熟悉，并且你认为很快乐的人。为什么你认为他很快乐？你从他身上可以学到什么？

最后，你如何利用你从自己或是他人的经历中学到的东西，去改善你未来的行为？和自己做一个约定，把它写下来，或者分享给与你一起做练习的同伴。

幸福与否取决于我们自己。

——亚里士多德

50 | 认可自我的价值

我们追求幸福的能力是一种与生俱来的天赋。这是没有任何人、任何宗教、任何意识形态或是政府能从我们这里夺走的。我们甚至会建立一个政治结构，包括宪法、法律以及军队等，来保护我们追求幸福的权利。但在我看来，没有任何外在事物可以真正让我们在追求幸福的道路上避开那个最大的障碍，即认为自己不配拥有幸福。

为什么有人要剥夺自己的幸福？玛丽安娜·威廉森在其著作《回到爱里》（*Return to Love*）对这个问题做了很有洞察力的分析："我们最大的恐惧并不是自己不够好，而是自己太好了。最使我们感到害怕的不是我们的黑暗面，而是我们的光芒。我们经常会质疑自己：我凭什么这么聪明、这么美丽、这么有才华、这么优秀？事实上，为什么不可以呢？”

要过上幸福的生活，我们必须活得有价值感。我们的生命必须包含对自己的价值感的认同。就像纳撒尼尔·布兰登所写的那样，“在追求好处的同时，人们必须认为自己值得享受这些好处；在追求幸福的同时，人们也需要相信自己是可以过得很幸福的”。我们需要认同那个抛开所有成就的真正的自我，必须相信自己是值得拥有快乐的。我们也必须认同自己存在的价值，因为经历意义和快乐是我们与生俱来的权益。

当我们开始觉得自己不配时，我们不但很容易忽视自己的才能、潜力、喜乐甚至成就，有时还会将其破坏。拒绝接受生命中发生的那些美好的事只会让我们不幸福，而当我们无视这些幸福的潜在来源时，我们就会陷入虚无主义的旋涡。

无论是来自朋友的礼物，还是大自然的礼物，当它们来到我们面前时，我们都要伸出手去接。无论我们多么努力或多么频繁地尝试，都不能把水灌进一个盖着盖子的瓶子里，水只会沿着瓶子的外壁流下来。所以，只有当我们认为自己值得拥有幸福时，我们才能打开瓶盖去接受生命中最美的祝福。

是否存在任何内在因素或外在因素，阻拦你获得幸福？

....

....

每周感恩清单

本周，我要感谢的是：..

....

....

练习

完形练习

以下是一些能够帮助你清除可能会阻止你获得幸福的障碍的不完整的句子。现在以最快的速度将它们补充完整，不要考虑或分析太多，只需完成它们。接着，在每天或每周结束时，回顾一下自己的答案，然后付诸行动。

阻止我获得幸福的是，______________________________

如果我相信自己值得拥有幸福的程度再多5%，__________

如果我能够停止按照别人的价值观而活，_______________

如果我能够更成功，________________________________

如果我允许自己去活得更幸福，______________________

当我更欣赏自己的所作所为时，______________________

如果我带进我生命的幸福再多5%，___________________

我开始发现，______________________________________

请持续地做这类练习，这本书中或者纳撒尼尔·布兰登的著作中提供的练习都可以。只要坚持下去，这些简单的练习就能给你带来洞察力与行为上的巨大改变。

一个人认定自己有多幸福，他就有多幸福。

——亚伯拉罕·林肯

51 | 觉察的智慧

想象一下，你现在已经是一个 110 岁的老人了。这时，穿梭时光的机器已经被发明出来，你非常幸运地被选为第一批使用者。然后，来自美国航空航天局的科学家告诉你，你将会被传送回你第一次阅读本书的那个阶段。在回去之后，你这个人生阅历非常丰富的老人将有 15 分钟的时间与当时那个年轻的你交谈。你觉得你会说什么呢？你会给出什么建议呢？

这个假想是我在看了精神病学家欧文·亚隆的一篇有关癌症病人的报告后想出来的。报告中这样写道：

> 在与死亡对抗的过程中，许多病人对生命的感觉反而比生病之前更好了，他们对生命的看法出现了极大的变化。那

些琐碎的事情对他们来说再也不重要了，他们感到对生命更有控制感，并且再也不去做那些他们不愿意做的事情。他们现在经常做的，是更多地与家人和朋友沟通，以及全然活在当下，而不是过去或未来。当人的关注点从那些琐碎的事情上移开时，他们就能更充分地感知和欣赏已存在的基本要素（四季的轮转、秋天的落叶、最后一个春季、所爱之人）。我们经常一次又一次地听见我们的患者说："我们为什么一定要等到此时此刻，等到被癌症缠身时，才能真正学会如何珍视生命？"

这些绝症患者找到了自我，并且第一次开始充分地享受生活。亚隆和其他研究者关于绝症患者的报告带给我最大的冲击，是这些人在得病之后并没有变成另外的人，他们对于生命的问题与答案、他们的认知和情感能力并没有发生变化。他们的生命中并没有出现圣人来教他们该怎么活，没有出现任何古希腊先贤来告诉他们美好生活的秘密，没有任何人为他们注射特效药，他们自己也没有找到任何具有革命性的自助书籍来帮助他们改变生命。

但是，在能力（这些以前无法帮助他们变得更幸福的能力）不变的情况下，他们的生命改变了。他们并没有获得新的知识，只是他们一直拥有的能力变得更敏锐了。换句话说，他们其实一直都知道该怎么活得更好。只不过他们一直都忽略了，或者根本没有察觉。

你有没有过重新评估优先事项的经历？如果有的话，你是否做出了相应的改变？

每周感恩清单

本周，我要感谢的是：

练习

内心的智者

想象一下你已经差不多有110岁了，然后花15分钟给自己一些能从现在开始就变得更幸福的建议。用书写的方式来做这个练习。尽可能地将建议的事变成日常的习惯，比如，如果那个未来的你提出的建议是多和家人相处，就每周或每隔一周和家人出去走走。

你可以经常做这个练习，看看自己写的内容，反思自己是否听取了你内心那位智者的建议。

如果我们的人生都能从80岁开始，然后慢慢活到18岁，那么我们一定会非常幸福。

——马克·吐温

52 | 年终回顾

现在让我们来回顾一下你今年所写的日记吧，你觉得在帮助自己变得更幸福的这条路上，你已经开始实施或者准备开始实施的改变计划有哪些？你可以写下你在行为习惯上的改变（比如开会准时到，对自己的伴侣更坦诚，追求自我和谐的目标，等等），在方法上的改变（比如悦纳衰老，对自己更有同情心，等等），或者两者都写。在这些改变上，你已经付出了哪些努力或者准备付出什么样的努力？你觉得在努力的过程中可能会出现的障碍是什么？你要怎么应对它们？

每周感恩清单

本周，我要感谢的是：..

....

....

生命中最伟大的结果是行为，而不是知识。

——赫胥黎

要点清单

一年过去了，现在从头开始回顾一下这一年的经历，并且记录一些具有提示性的要点。记得在每一个要点后面都加上说明。这些要点可以是日记里的，也可以来自其他方面。以下是我个人所列的要点：

关注积极——我是一个懂得如何去挖掘利益以及创造价值的人。

全然为人——就像我会接纳地心引力的存在一样，无论是痛苦还是喜悦，自己的各种情绪我都会接纳。

了解与被了解——我会通过分享和表达真实的自我去培养和我的伴侣、家庭以及朋友之间的亲密感。

生命是一场冒险——我会去经历日常生活中所有的喜悦与激动人心的事情。

同理心与同情心——我会以慷慨和友好的态度去面对自己和他人。

学会接受失败并从失败中学习——我同意失败和错误不仅是正常现象，更是学习和成长的机会。

要点的数量应该在 5~12 个之间。列出这些要点是为了在日后提醒自己要关注的事。最好能每天早上或至少每周阅读一遍这些要点。

我经常在夜晚的沙滩上漫步许久，脑海里充满各种各样的想法以及不完美的诗句，我一直在期盼，出现一位能改变我生命的天使。而我忽略了，那个天使很可能就是我自己。

——安娜·昆德兰